JN281502

クラゲ ガイドブック

並河 洋／楚山 勇 写真
Hiroshi Namikawa　Isamu Soyama

Jellyfish in Japanese Waters

阪急コミュニケーションズ

水母によせて
（序にかえて）

「水母」という言葉に、あなたは何を想いますか。

水の母と書いて水母（クラゲ）と読みます。太古の昔から、人々は大海を悠々と漂う水母の姿に様々な想いを馳せてきました。一昔前には気持ちの悪い動物というレッテルを張られていた「クラゲ」。最近では水母を眺めると心が癒されるという人が増えてきました。分刻みの生活をおくっている現代人は、まるで時を忘れたかのようにゆったりと泳ぐ水母の姿に心の救いを求めているのかもしれません。人々を魅了する水母とは、いったいどんな動物なのでしょう。

「クラゲ」と呼ばれる動物には多種多様な種類がいますが、実際に目にするクラゲというのは、そのごく一部でしかありません。そこに行けば必ず見ることができるという動物でもないし、海の中には見過ごしてしまうほど透明で小さなクラゲたちもたくさんいます。なかなかクラゲの世界を見渡すことはできません。

水中写真家の楚山氏は、これまで幅広く海にすむ動物、特に無脊椎動物たちの姿をカメラに収めてきました。この写真コレクションには、たくさんの美しいクラゲたちの写真も収められているのです！

皆さんをクラゲの世界に案内するために、このコレクションの中から厳選した美しい写真を使って、日本近海にすむクラゲたちの姿を紹介することとなりました。それぞれの写真には、写っているクラゲの姿から考えられる種の学名と簡単な解説をつけました。この種の学名は、筆者の責任においてつけたものです。写真から同定が不可能な場合には、あえて種を特定しなかった場合もあります。また、これまで報告のない種あるいは和名のつけられていない種については、比較的近い種の仲間という表記にとどめています。学名と和名の整理は今後の研究にゆだねたいと思います。

写真解説に加えて、これまで筆者が博物館のセミナーなどで話したことや、セミナーの参加者の皆さんから受けた質問などをコラムとしていくつか盛り込んでみました。

この本を眺めたあと、皆さんは「水母」について何を想うでしょう。

2000年5月　並河　洋

CONTENTS

水母によせて	3
本書の使い方	6

刺胞動物門　CNIDARIA

鉢虫綱　SCYPHOZOA	7
旗口クラゲ目　Semaeostomeae	8
根口クラゲ目　Rhizostomeae	22
十文字クラゲ目　Stauromedusae	34
箱虫綱　CUBOZOA	37
立方クラゲ目　Cubomedusae	38
ヒドロ虫綱　HYDROZOA	45
花クラゲ目　Anthomedusae	46
軟クラゲ目　Leptomedusae	54
淡水クラゲ目　Limnomedusae	59
硬クラゲ目　Trachymedusae	64
剛クラゲ目　Narcomedusae	65
管クラゲ目　Siphonophora	68

有櫛動物門　CTENOPHORA　85

有触手綱　TENTACULATA	
フウセンクラゲ目　Cydippida	86
カブトクラゲ目　Lobata	88
オビクラゲ目　Cestida	89
無触手綱　NUDA	
ウリクラゲ目　Beroida	90

クラゲに似て非なる生物　95

脊索動物門　CHORDATA	
タリア綱　THALIACEA	
サルパ目　Salpida	97
ウミタル目　Doliolida	101
ヒカリボヤ亜綱　Pyrosomata	102
軟体動物門　MOLLUSCA	
腹足綱　GASTROPODA	
異足目　Heteropoda	103

用語解説		111
和名索引		112
学名索引		113
日本産クラゲリスト		114
参考文献・資料		118

COLUMN

	ミズクラゲのオスとメス	11
	ミズクラゲの生活史	12
	クラゲがすみ家①	21
	クラゲを食べる	29
	世界最大のクラゲ	31
	深海にすむクラゲ	32
	パラオのクラゲ湖	33
	クラゲと生きる――共生藻	33
	海藻の茂みにすむクラゲ	36
	クラゲ毒の成分	40
	クラゲ危険度ランキング	41
	クラゲはなぜ刺す	42
	刺されないための&刺されたときの対処法	44
	ヒドロ虫の不思議	49
	クラゲの寿命	51
	光るクラゲ	54
	クラゲがすみ家②	58
	ひとりでは生きられないニンギョウヒドラ	63
	クラゲの多様な姿	66
	クラゲは狩人	74
	形が違うクローン	81
	もうひとつの姿――ポリプ	82
	クラゲのシンプルライフ	84
	名前の古今東西	91
	果たしてクラゲは成体なのか？	92
	サンゴはクラゲの親戚	94
	クラゲ学研究雑記帖	104

本書の使い方

●種の解説

本書には日本の海で見られるクラゲの仲間（刺胞動物、有櫛動物）およびクラゲに似ている動物プランクトン（脊索動物のサルパ類、軟体動物のハダカゾウクラゲ類など）が収録されています。

磯遊びやスノーケリング、スクーバダイビングを楽しむ人が使いやすいよう、自然のフィールドで撮影された生態写真を使用しています。ただし、一部に水槽あるいは顕微鏡を使用した写真が含まれています。また、フィールドはすべて日本の周辺海域です（イボクラゲ、タコクラゲのサブカットを除く）。

●構成

本書は動物分類にしたがって大きく5つのブロックに分け、種の解説およびクラゲに関連したコラムを入れています。また、巻末には資料として専門用語の解説、日本産クラゲリスト、和名および学名の索引を掲載しています。

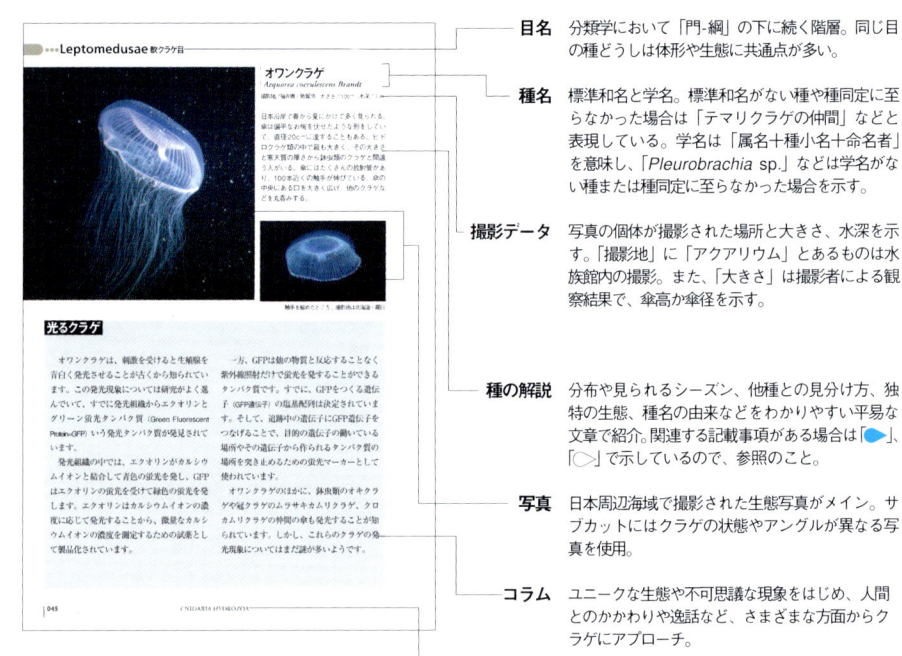

目名	分類学において「門-綱」の下に続く階層。同じ目の種どうしは体形や生態に共通点が多い。
種名	標準和名と学名。標準和名がない種や種同定に至らなかった場合は「テマリクラゲの仲間」などと表現している。学名は「属名＋種小名＋命名者」を意味し、「*Pleurobrachia* sp.」などは学名がない種または種同定に至らなかった場合を示す。
撮影データ	写真の個体が撮影された場所と大きさ、水深を示す。「撮影地」に「アクアリウム」とあるものは水族館内の撮影。また、「大きさ」は撮影者による観察結果で、傘高か傘径を示す。
種の解説	分布や見られるシーズン、他種との見分け方、独特の生態、種名の由来などをわかりやすい平易な文章で紹介。関連する記載事項がある場合は「●」、「○」で示しているので、参照のこと。
写真	日本周辺海域で撮影された生態写真がメイン。サブカットにはクラゲの状態やアングルが異なる写真を使用。
コラム	ユニークな生態や不可思議な現象をはじめ、人間とのかかわりや逸話など、さまざまな方面からクラゲにアプローチ。
動物門および綱	日本名は目次(p.4～5)または各ブロックのトビラ(p.7、37、45、85、95)を参照のこと。

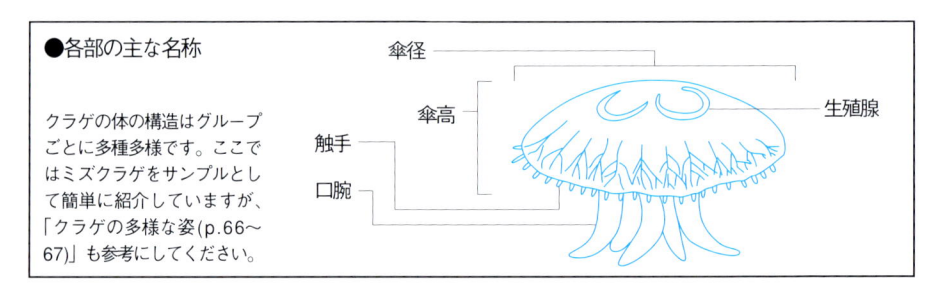

●各部の主な名称

クラゲの体の構造はグループごとに多種多様です。ここではミズクラゲをサンプルとして簡単に紹介していますが、「クラゲの多様な姿(p.66～67)」も参考にしてください。

（傘径、傘高、生殖腺、触手、口腕）

鉢虫類のクラゲは大型であり、
クラゲというと一般にこの仲間をイメージすることが多い。
食べられるクラゲは、鉢虫類に属するクラゲの仲間である。
海中を浮遊して生活するクラゲ世代のほかに、
他物に付着して生活するポリプ世代を持ち、
生活史の中でこの2つの世代を繰り返している。

刺胞動物門
CNIDARIA

鉢虫綱
SCYPHOZOA

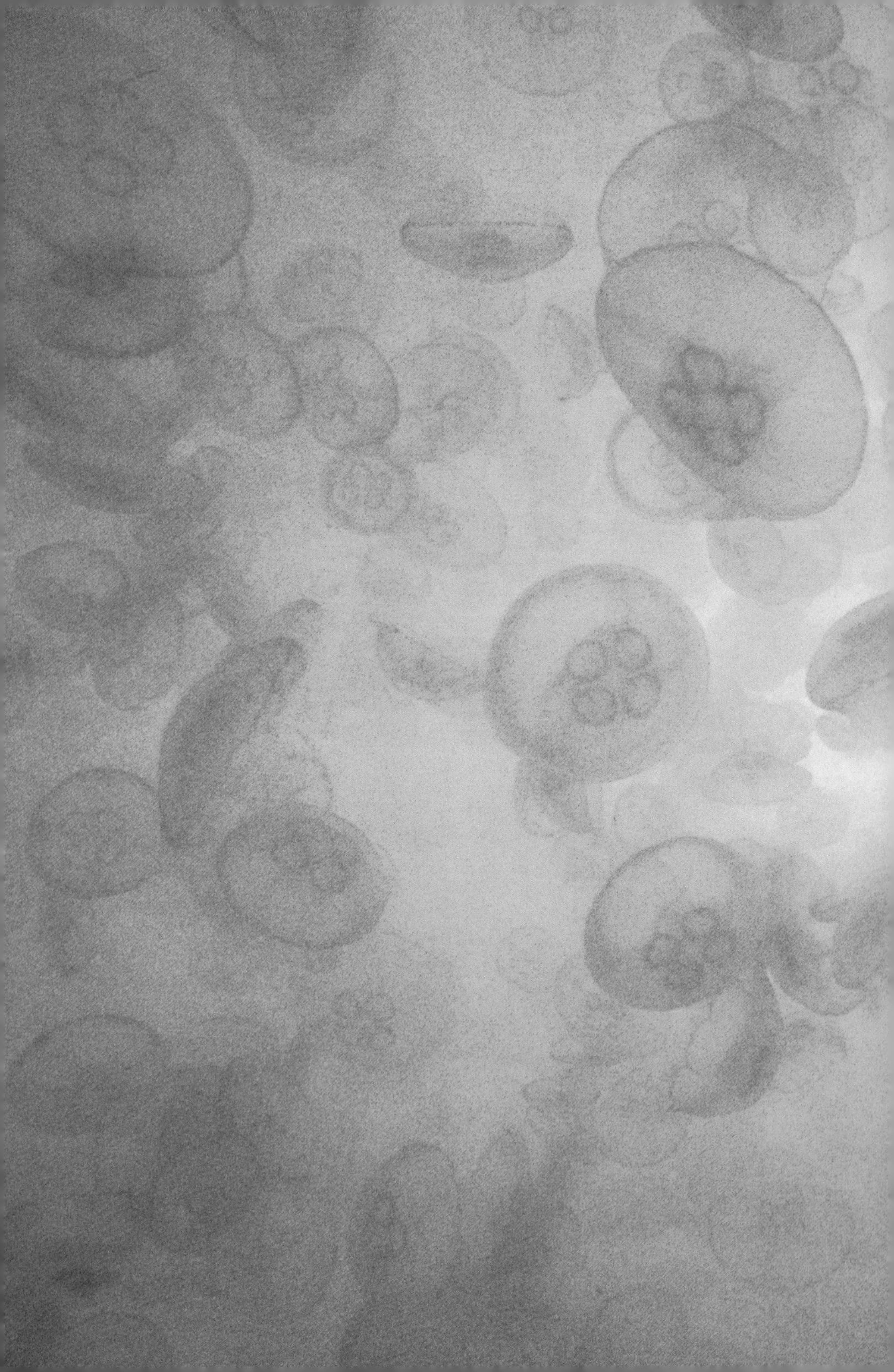

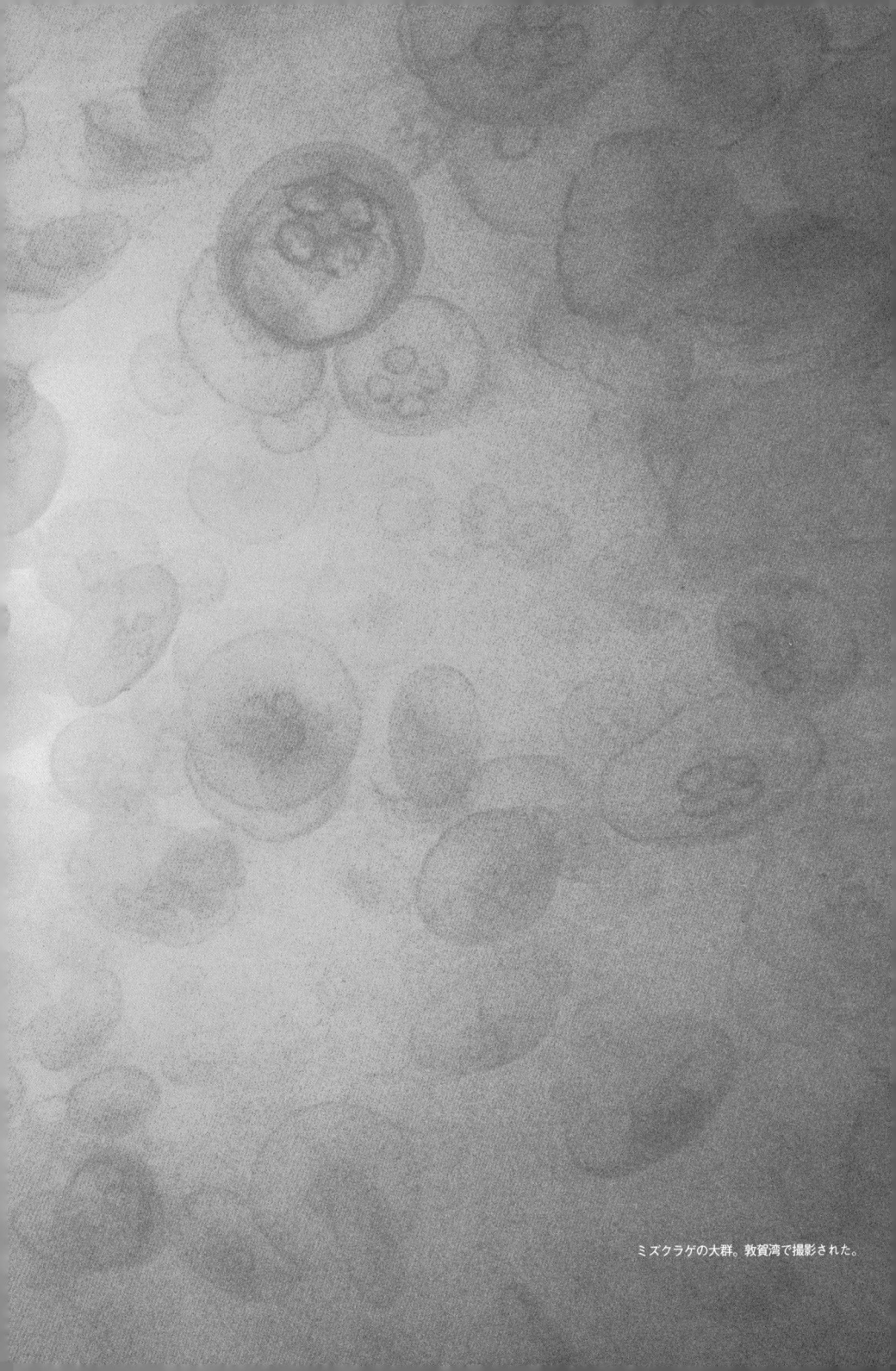

ミズクラゲの大群。敦賀湾で撮影された。

●Semaeostomeae 旗口クラゲ目

ミズクラゲ
Aurelia aurita (Linné)

撮影地／福井県・敦賀湾　水深／6m　大きさ／15cm

日本でいちばん馴染みのあるクラゲで、北海道の一部を除く日本各地に出現している。港やヨットハーバーなどで大群を見たことのある人もいるだろう。体全体は無色か乳白色で、円盤状の傘の中央に馬の蹄のような形をした生殖腺が4個見られることがこのクラゲの目印。生殖腺の形を目にたとえて「ヨツメクラゲ」ともいう。生殖腺の内側に添うように胃があり、そこから放射管と呼ばれる管が傘全体に分枝を繰り返しながら伸びている。傘の直径は十数cm程度だが、30cmを超えるものもいる。
▶ミズクラゲのオスとメス(p.11)、ミズクラゲの生活史(p.12)

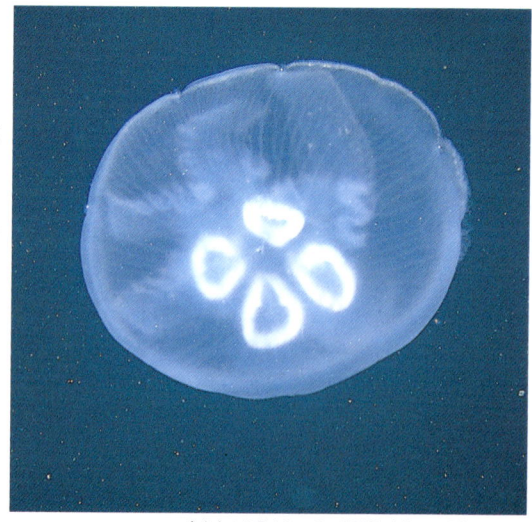

傘を上から見たところ。生殖腺が"4つの目"に見える

ミズクラゲのオスとメス

　一般にクラゲの仲間はオスとメスの違いを外見で見分けることが困難です。しかし、ミズクラゲの場合は体が透明なこともあって、生殖腺の色合いである程度区別がつきます。オスでは乳白色に、メスではピンクから紫に見えるのです。しかし、この生殖腺の色合いも微妙なところがあって、慣れないと区別するのは難しいことです。

　ミズクラゲのオスとメスの間には、もうひとつ大きな違いがあります。口腕の形に注意して写真を見比べてみてください。オスのクラゲの口腕は4本の簡単なリボン状をしていますが、それに対してメスの口腕は複雑に重なり合ってひだ状になっているのです。このひだ状の部分は保育嚢です。受精卵は、幼生になって泳ぎだすまでここで過ごします。

オスのクラゲは口腕がリボン状になっている

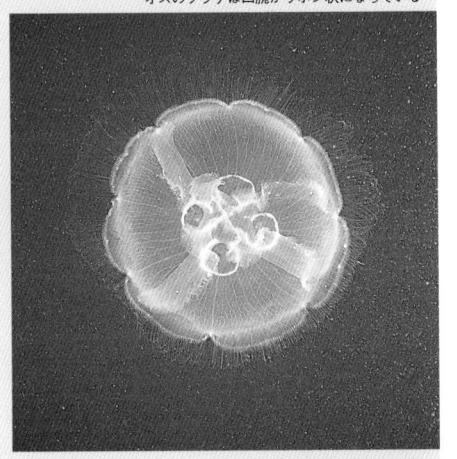

メスは口腕が重なり合ってひだ状になっている。ひだの端が白くなっているが、これは泳ぎだすのを待っている幼生たち

CNIDARIA　SCYPHOZOA

ミズクラゲの生活史

　ミズクラゲには、浮遊生活をするクラゲの時期のほかに、ポリプと呼ばれる時期があります。ポリプの形はイソギンチャクに似ています。（●もうひとつの姿──ポリプ、p.82）。ミズクラゲは、この付着生活をするポリプ世代と浮遊生活をするクラゲ世代とを繰り返します。

　春から夏にかけて、ミズクラゲは生殖時期を迎えます。この時期のメスのクラゲの保育嚢には、プラヌラと呼ばれる幼生が見られます（●ミズクラゲのオスとメス、p.11）。プラヌラ幼生は、保育嚢から遊離するとしばらく海中を泳いだあと、岩などに付着してポリプに姿を変えます。付着生活に移行したポリプはやがて自分の分身をつくるようになります。

　その後、体が縦に長く伸び、さらにくびれが入ってクラゲをつくるための準備が始まります。この時期をストロビラといいます。

　ストロビラでは、体がお皿を重ねたような形に変わるとともに、先端の触手が縮んでいくという変化が進みます。すっかり触手がなくなり、お皿がエフィラというクラゲの子どもの姿に変わったら、上から順番に一つ一つ泳ぎ出していきます。

　エフィラは盛んに餌を食べながら次第にクラゲの姿に変わっていきます。すっかり円い、クラゲらしい形になると、やがて成熟し有性生殖を行ないます。

　さて、ポリプはエフィラを出してしまったあとも消えてなくなるわけではありません。エフィラが離れていったストロビラの根元を見ると、すでに新しい触手が伸びてきています。エフィラがすべて離れてしまったあと、ポリプは触手を使って再び餌を取り、分身をつくり始め、季節が巡ってくるとまたクラゲをつくる準備に取りかかるのです。

有性世代

メタフィラ
エフィラからクラゲ成体へ成長する中間時期をメタフィラという。写真は口腕基部側から見たところ

エフィラ
浮遊生活に入ったエフィラ。まるで花びらが海中を舞っているようで美しい。8枚の縁弁があり、それぞれの縁弁には1個ずつ眼点がある

次々に遊離するエフィラ
順番に次々とエフィラが遊離していく。そのため、本体はどんどん短くなっていく

CNIDARIA　SCYPHOZOA

ミズクラゲの成体

メタフィラが十分に成長して立派なミズクラゲの成体となったところ。この段階になると雌雄の違いがはっきりし、成熟すると有性生殖を行なう

受精卵

ミズクラゲの場合、放精された精子はメスの保育嚢の中で卵を受精させる。受精卵はプラヌラ幼生となって泳ぎ出すまでここで過ごす

プラヌラ幼生

メスの保育嚢から遊離したプラヌラ（ラテン語で"放浪者"）は、繊毛という細かい毛を使って海中をしばらく遊泳する。大きさは0.2mm程度

変態直後のポリプ

プラヌラ幼生から姿を変え、付着生活に入ったポリプ。イソギンチャクのように触手で餌を捕らえて食べる

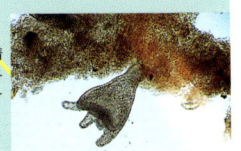

Life Cycle

of

Aurelia aurita

無性世代

成長したポリプ

1〜2mm程度に成長すると、ポリプは無性的に次々と自分の分身をつくるようになる

エフィラが遊離する瞬間

海中で生活するための準備をすっかり整えると、エフィラ（神話に登場する海の妖精の名前が由来）は遊離していく

揺れ動きだしたストロビラ

くびれの一つ一つが次第にお皿のような形に変わってくる。お皿の枚数はポリプの栄養条件などで変わり、数枚から20枚程度。先端のお皿は次のステージ、エフィラへと変わりつつある

クラゲになる準備開始

水温が下がり15℃を切る頃になると、体が縦に伸び始め、くびれが生じてくる。この時期をストロビラ（ラテン語で"松かさ"）という

●Semaeostomeae 旗口クラゲ目

│キタミズクラゲ
Aurelia limbata (Brandt)

撮影地／岩手県・大槌湾　水深／10m
大きさ／20cm

東北から北海道にかけて見られる北にすむミズクラゲの仲間。このクラゲは、写真で見るとおり傘の縁が茶色であることが特徴。傘の放射管の様子をよく見ると、細かく網目状になっていることでもミズクラゲから区別される。ミズクラゲよりも大きく、傘の直径は普通30cm程度だが、50cm以上に達するものもいる。

傘を開いたところ

キタユウレイクラゲ
Cyanea capillata (Linné)

撮影地／北海道・羅臼海岸　水深／5m
大きさ／30cm

お皿を伏せたような扁平な形をした傘を持つクラゲで、青森から北海道にかけて見られる。傘の縁は16個の縁弁に分かれ、傘縁の内側からはたくさんの糸状の触手が束になって伸びている。傘下の中心部からは幾重にも折り重なったリボン状の口腕が伸びている。傘の直径は10〜30cm程度だが、大きなものでは30cmを超える。

知床半島で撮影された個体

CNIDARIA　SCYPHOZOA

●Semaeostomeae 旗口クラゲ目

ユウレイクラゲ
Cyanea nozakii Kishinouye

撮影地／西伊豆（大瀬崎）　水深／10m　大きさ／50cm

キタユウレイクラゲのような姿形だが、全体が透明なクラゲで本州中部以南で見られる。このクラゲの口腕はキタユウレイクラゲよりも複雑に折り重なり、写真ではまるでカリフラワーのように見えている。瀬戸内海では、ウマヅラハギの釣餌として利用されることもあるそうだ。傘の直径は、20～30cm程度だが、50cmに達するものがいたそうである。

アカクラゲ
Chrysaora melanaster Brandt

撮影地／福井県・敦賀湾　水深／5m　大きさ／10cm

オキクラゲの仲間では目にする機会の多い種で、比較的全国各地で見ることができる。浅いお椀形の傘に16本の放射状の筋（条紋）が見られることが特徴で、傘縁からは40本の触手が伸びている。4本の口腕はリボン状で、長く伸びている。このクラゲに刺されると痛い。傘の直径は10cm前後だが、なかには15cm以上になり傘から伸びる触手が50本を超えるものもいる。乾燥したアカクラゲの粉を吸い込むとクシャミが出ることから、"ハクションクラゲ"とも呼ばれている。

Semaeostomeae 旗口クラゲ目

ヤナギクラゲ
Chrysaora helvola Brandt

撮影地／北海道・室蘭　水深／5m
大きさ／10cm

アカクラゲより傘の形が扁平で、32本の条紋を持つ。寒流性のクラゲといわれている。夏期に釧路など北海道東南部で見られる。傘縁から伸びる触手は24本である。この種の口腕もリボン状で長く伸びている。傘の直径は、7〜9cm程度。刺されると痛い。

オキクラゲ
Pelagia noctiluca (Forskål)

撮影地／熊本県・天草　水深／2m　大きさ／8cm

アカクラゲより深いお椀形の傘を持ち、黒潮に乗って日本にやってくる外洋性のクラゲ。刺胞がたくさん集まった小さな突起が傘に散在している。また、傘縁からは8本の触手が伸びている。全体に紫系の色彩を帯びていることが多いが、個体によって色は異なり、特に触手が黄色がかっているものもいる。この種は、他の鉢クラゲ類と違い、ポリプの時代を持たず、一生浮遊生活をするクラゲとして知られている。傘の直径は、5〜7cm程度。刺されると痛い。

CNIDARIA　SCYPHOZOA

●Semaeostomeae 旗口クラゲ目

アマクサクラゲ
Sanderia malayensis Goette

撮影地／西伊豆・大瀬崎　水深／20m　大きさ／10cm

本州中部以南、特に天草地方でよく見られるクラゲ。このクラゲの傘は、パイ皿を逆さにしたような扁平な形をしている。傘縁からは16本の触手が伸びていて、傘の中央から比較的長い4本の口腕がある。写真で傘を通して白く房状に見えるものは生殖腺の一部。また、傘の表面に粒状に見えるものは刺胞の塊。この傘や触手の刺胞の毒は大変強く、刺されるとたいそう痛い。

クラゲがすみ家①

　エボシダイ科の魚には、クラゲウオという和名をもつ種がいます。この魚はイボクラゲなどの触手の間を泳ぐ習性があり、それが和名の由来となっています。クラゲウオ以外にもエボシダイ科とイボダイ科、そしてアジ科の魚に鉢虫類のクラゲとともに泳ぐ種類がいます。その中にはクラゲの体を食べたり、クラゲにすみついている甲殻類を食べたりして生活しているものもいるようです。また、イボダイ科のクロメダイやイボダイ、エボシダイ科のハナビラウオなどは、幼魚の頃にクラゲのそばで成長します。ハナビラウオなどにとってはクラゲが揺りかごというわけですね。

　一方、カツオノエボシの触手の間にすむエボシダイの場合は命がけです。エボシダイはカツオノエボシの触手に触れないようにしながらその間を泳ぎまわり、ときおり気泡体の下をつついて食べています。しかし、間違って触手に触れてしまうと、たちまち捕まってしまいカツオノエボシの餌となってしまうのです。

　鉢虫類のクラゲの触手の間にすむのは魚だけではありません。クラゲエビやクラゲモエビなどの甲殻類が、エビクラゲをはじめとする根口クラゲ類についていることも知られています。クラゲをすみ家とする動物は案外多いのです。

▶ クラゲがすみ家②（p.58）

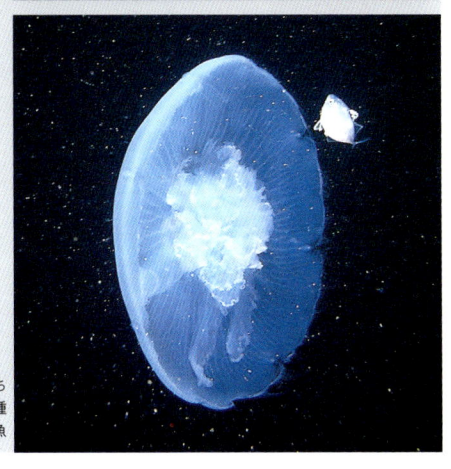

(上)アカクラゲと小魚たち
(中)ムラサキクラゲとアジ科の一種
(下)ミズクラゲとカイワリの幼魚

Rhizostomeae 根口クラゲ目

タコクラゲ
Mastigias papua (Lesson)

撮影地／奄美大島　大きさ／10cm　水深／2m

姿形や色彩がタコに似ていることが名前の由来となっている。関東以南の温暖な海域に出現するクラゲ。夏から秋の初めにかけて静かな入江などで見ることができる。褐虫藻が共生するため、体は褐色をしている。傘はお椀を伏せた形で、その表面に黄色または白い斑点が見られる。傘の下には8本の口腕があり、さらに各口腕の先に付属器と呼ばれる長い棒状のものが一本ずつついている。傘には触手がない。傘の直径が10cm程度でも十分に成熟したクラゲだが、大きいものでは20cm近くになる。

▶パラオのクラゲ湖(p.33)、クラゲと生きる──共生藻(p.33)

パラオで撮影されたタコクラゲの群泳
写真　ネイチャー・プロダクション

ムラサキクラゲ
Thysanostoma thysanura Haeckel

撮影地／奄美大島　大きさ／10cm　水深／20m

関東以南の太平洋岸で見ることができるクラゲ。タコクラゲと同じように傘はお椀を伏せた形で、口腕の数も8本。しかし、口腕は紐状で細長く、傘の直径の2倍以上となる点で異なる。また、付属器も持たない。色彩は普通は黄褐色だが、写真のように美しい紫色のものもいる。傘の直径は10cm程度。

CNIDARIA　SCYPHOZOA

●Rhizostomeae 根口クラゲ目

エビクラゲ
Netrostoma setouchiana (Kishinouye)

撮影地／アクアリウム　大きさ／20cm

写真　鳥羽水族館

口腕の間に小さなエビがすんでいることが多いため名づけられた。写真のように全体に薄水色で、傘などに赤褐色の細かな斑点が見られる。夏季に瀬戸内海や九州沿岸で見られるが、高知県沿岸や日本海の若狭湾でも目撃されているようだ。イボクラゲと非常によく似ているが、傘の突起が小さく、口腕から伸びる触手が非常に短いことで区別できるとされる。しかし、触手が切れて短くなったイボクラゲがこのクラゲと間違われることも多いようだ。傘の直径は10〜25cm程度。

イボクラゲ
Cephea cephea (Forskål)

撮影地／フィリピン　大きさ／25cm　水深／3m　　写真　水中造形センター
マリンフォトライブラリー

傘の形が一風変わっている。扁平な傘の中央がドーム状に盛り上がり、さらにその上に突起状の膨らみがたくさんある。この突起状のものが見られることからイボクラゲと名づけられたのであろう。傘の下にはカリフラワー状の口腕が8房あり、口腕からたくさんの長い触手が伸びている。傘の色は淡褐色または藍色とされてきたが、写真のように美しい色の個体もいるようだ。これまでは秋から冬にかけて相模湾以南の太平洋岸や日本海南部で成長したクラゲを見ることがあった。最近では、スクーバダイビングの流行で、伊豆半島付近などでダイバーに目撃されることが多くなったクラゲである。傘の直径は、十数cm程度とされていたが、かなり大形の個体もいるようである。

CNIDARIA　SCYPHOZOA

●Rhizostomeae 根口クラゲ目

スナイロクラゲ
Rhopilema asamushi Uchida

撮影地／能登半島・九十九湾　大きさ／40cm
水深／4m

九州から陸奥湾にかけての日本海に出現する砂色または淡褐色のクラゲ。写真のように大形で幅の広い付属器（➡）を持つ。ビゼンクラゲと似ているが、この大形の付属器があることで区別がつくとされる。傘の直径は20cm程度までとされていたが、写真の個体は40cmと大きい。このクラゲは食用となる。

● クラゲを食べる(p.29)

ビゼンクラゲ
Rhopilema esculenta Kishinouye

撮影地／アクアリウム　大きさ／20cm　　　写真　ネイチャー・プロダクション

瀬戸内海および九州地方で見ることのできる青みがかった色のクラゲ。昔は瀬戸内海の児島湾で数多く発生していたそうだが、現在は姿を消している。数は少ないが、相模湾でも見る機会がある。傘は半球状で、その内側の肩板と呼ばれるところからも短い触手がたくさん伸びている。また、口腕がひとかたまりのカリフラワーのように見えるのが特徴。傘の直径は普通は30cmまでだが、50cmに達するものもいる。食用となるクラゲ。

▶ クラゲを食べる（p.29）

●Rhizostomeae 根口クラゲ目

写真 水中造形センター マリンフォトライブラリー

エチゼンクラゲ
Stomolophus nomurai (Kishinouye)

撮影地／福井県・越前海岸　大きさ／40cm　水深／3m

傘の直径が1mを超す日本最大のクラゲ。体重は大きなもので200kgにもなる。写真のように傘が褐色のもののほかに、灰色やピンク色のものなどがいる。半球状の傘から出ている口腕と、さらに口腕から伸びている紐状のもの（糸状付属器）はチョコレート色をしている。糸状付属器は、傘の直径の3〜4倍の長さになるという。傘が直径60cmを超えていると成熟しているらしい。エチゼンクラゲは東シナ海付近で発生し、対馬暖流に乗り、季節を追って日本海を北上してくると考えられている。本州の日本海沿岸では8月末から10月頃にかけて見られる。一部は津軽海峡から太平洋側に抜けて、三陸沿岸さらに銚子沖にまで達するようである。ときどき大発生することがある。中国などでは食用に加工される。

● クラゲを食べる(p.29)

クラゲを食べる

「クラゲ」と聞いて中華料理のクラゲを思い出した人はいませんか？ コリコリとした食感が好きな人も多いことでしょう。私たちが食べているのは、寒天質が肉厚で刺胞毒の弱いビゼンクラゲやエチゼンクラゲくらいです。それも、口に入れるまでにいろいろと手を加えなければならない手の込んだ食材です。それでも、すでに奈良時代には朝廷にクラゲを献上したという記録もあるようで、古くから好んで食べられていたようです。

さて、海の中にもクラゲを好んで食べる動物は案外と多いようです。

その証拠に昔からの知恵として、タイの釣餌としてエチゼンクラゲが、ウマヅラハギの釣餌としてユウレイクラゲやアカクラゲが使われています。ウミガメやマンボウがクラゲをたらふく食べることも知られていますし、サケやマス、そして、タラなどの胃袋を調べてもたくさんのクラゲが出てくることが報告されています。エボシダイは、あの毒の強いカツオノエボシの下をつかず離れず泳ぎながら、ときおりカツオノエボシの体をついばみます。

さらに、アオミノウミウシはギンカクラゲなどを好んで食べますし、ウリクラゲの仲間などは、他のクラゲ類を丸呑みして食べてしまいます。最近では、深海においてクラゲが他の動物の餌生物として重要な位置を占めていることが明らかになってきています（　深海にすむクラゲp.32）。

しかし、クラゲは体のほとんどが水分で占められています。ミズクラゲについていうと、その95％が水分です。残り5％の体の構成成分を分析すると、そのうちの10〜30％がタンパク質とのことです。ほとんど栄養分がないに等しいのです。それでは、いったいなぜほとんど"水"でできているクラゲを好んで食べるのでしょう。"水"に溶け込んでいる栄養分があるということなのでしょうか。

クラゲを食する動物たちにとって、吸収のよい流動食のようなものかもしれませんね。

マンボウは2〜3mにも達する巨体であるにもかかわらず、主食はクラゲや小形甲殻類。大海を漂って暮らす彼らにとって、クラゲは捕らえやすい獲物なのかもしれない

普段は小形甲殻類やゴカイ、貝類などを食べているカワハギだが、しばしばクラゲを突っついて食べる姿も観察される

Rhizostomeae 根口クラゲ目

サカサクラゲ
Cassiopea ornata Haeckel

撮影地／奄美大島　大きさ／5cm
水深／4m

平らな傘を逆さにして、砂の上で過ごすという変わった生活をする熱帯性のクラゲ。ときどき泳ぐこともあるが、しばらくすると砂の上の生活に戻る。褐虫藻が共生する褐色のクラゲで、鹿児島以南の砂泥地などに出現する。このクラゲに触ると痛みを感じる人もいる。また、刺されると大変危険なウンバチイソギンチャクと姿形が似ているので、海中では気をつけたい。傘の直径は最大15cmになる。

ふだんは泳がず、傘を下にして砂の上にいる

世界最大のクラゲ

　日本最大のクラゲであるエチゼンクラゲは、世界でも最大級のクラゲです。でも、世界にはもっと大きなクラゲがいるようです。それはキタユウレイクラゲです。

　北海道周辺にもキタユウレイクラゲはいますが、大きくても傘の直径が30cm程度でした。しかし、もっと寒い北の海(バルチック海など)にすむキタユウレイクラゲには、傘の直径が2.5mを超えるものがいるのです。このクラゲは英名Lion's mane jelly(ライオンのたてがみクラゲ)とも言われ、全長40mにもなるそうです。なんと地球上で最大級の長さです。シロナガスクジラもびっくりですね。

　キタユウレイクラゲはかなり毒が強く、シャーロック・ホームズの謎解きにも使われています。ダイビング中にこんなクラゲに出会ったらパニックになってしまうかもしれません。でも安心してください。幸運にも(?)、この巨大クラゲがすむ北の海は、あまりに冷たすぎてダイビングには向きません。

　一方、ヒドロ虫のクラゲは小さく、大きさが1mmしかない種類もたくさんいます。

日本産の最大種、エチゼンクラゲ
写真　水中造形センター　マリンフォトライブラリー

日本産のキタユウレイクラゲ(写真)は
傘の直径がせいぜい30cm程度だが、
もっと寒い北の海では2.5mになる個体がいる。
ダイビング中にこんなものを見たら、
さぞかし驚くことだろう

深海にすむクラゲ

　これまで紹介したように、身近な海だけでなく寒い海でも熱帯の海でもクラゲたちを見ることができました。淡水にさえマミズクラゲ(ヒドロ虫類)が出現しています。このように、クラゲたちは世界のあらゆるところに生息しているのです。

　深海も例外ではありません。「しんかい2000」「しんかい6500」などの潜水艇の活躍は、深海もまた様々なクラゲたちの暮らす場所であることを教えてくれます。

　深海にも想像以上に多くのクラゲたちがいるのです。その中には、これまで見たこともないクラゲたちもたくさん含まれているとか。深海はクラゲの楽園なのかもしれません。

　最近の調査では、深海にすむクラゲたちがほかの動物たちの餌として食物連鎖の中で重要な位置を占めていることも明らかとなってきました。また、ニジクラゲの仲間では、捕食者が近づくと発光する触手を切り離しながら逃げるという興味深い行動も観察されています。まるで、イカが分身となす墨を吐き残して逃げ去っていくようではないですか。

　深海は宇宙と同じくらい神秘に包まれた未知の世界。調査が進めばさらにいろいろなことが明らかになってくるでしょう。どのような研究成果が出てくるのか楽しみですね。

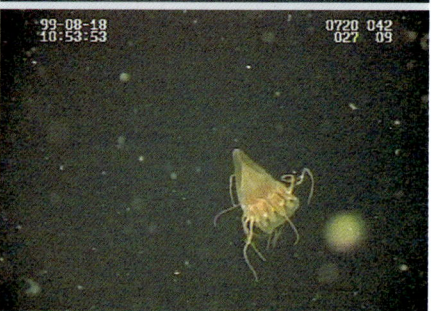

沿岸のように波しぶきが立つこともなく障害物もほとんどない深海は、体がとても壊れやすいクラゲたちにとって楽園。そこにはヒラタカムリクラゲやクロカムリクラゲなどの冠クラゲや、体が赤いクシクラゲをはじめとする様々なクラゲたちがすんでいる。いずれも北海道の道東沖、広尾海底谷で撮影
写真　海洋科学技術センター

パラオのクラゲ湖

　パラオ共和国は日本を南下すること約3000km、北緯4〜9°付近の熱帯の海に浮かぶ340以上もの島々から成ります。その中のひとつ、マカラカル島にはジェリーフィッシュレイク(クラゲ湖)という名前のおもしろい湖があります。

　このクラゲ湖には、タコクラゲの仲間が大群をなして暮らしているのです。その大群は、毎日太陽の光を求めて湖内を移動しています。これは、タコクラゲの体内にすむ褐虫藻に太陽の光を十分当てるためなのです。なぜなら、タコクラゲは褐虫藻の光合成によるエネルギーに頼って生きているからです（　クラゲと生きる——共生藻、p.33）。

目の前にタコクラゲの大群！
写真　水中造形センター　マリンフォトライブラリー

クラゲと生きる——共生藻

　暖海にすむ褐色の根口クラゲ類——タコクラゲ、ムラサキクラゲ、サカサクラゲ——などは体内に褐虫藻を共生させています。

　褐虫藻はクラゲの組織の中で光合成を行い、盛んにエネルギーをつくり出します。クラゲはそのエネルギーを利用して成長します。一方、褐虫藻はクラゲの呼吸で生じた炭酸ガスを光合成に利用し増殖します。

　クラゲは一生を通じて褐虫藻と共生しているわけではありません。プラヌラ幼生には褐虫藻がいないそうです。ポリプに変化してから海中に漂っている褐虫藻を口から取り込むといわれています。ポリプは褐虫藻がいなくても無性的に分身をつくることはできますが、ポリプがクラゲをつくるときには褐虫藻が必要であるとされています。

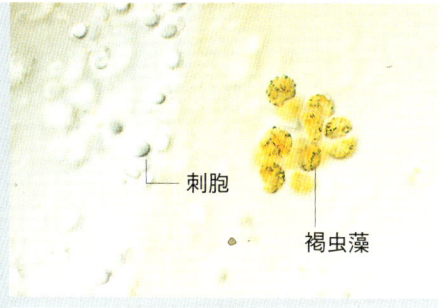

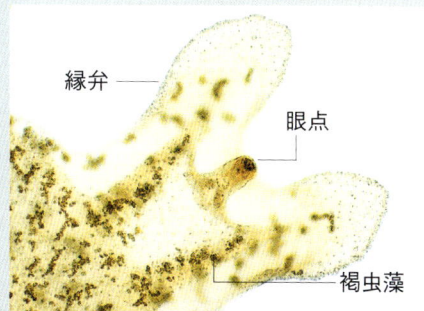

（写真上）褐虫藻はパッチ状に分布している
（写真下）タコクラゲのエフィラ幼生の褐虫藻
写真　並河　洋

Stauromedusae 十文字クラゲ目

ササキクラゲ
Sasakiella cruciformis Okubo

撮影地／北海道　大きさ／1cm　水深／2m

夏、北海道や東北北部に出現する。大きさは1cm程度で、海中をよく見ると海藻のホンダワラなどに付着している姿を見つけることができる。ジュウモンジクラゲとよく似ているが、十文字となった腕の間にそれぞれ1本触手を持つことで区別できる。

写真　ネイチャー・プロダクション

ジュウモンジクラゲ
Kishinouyea nagatensis (Oka)

撮影地／神奈川県・諸磯湾　大きさ／1.3cm　水深／5m

写真の姿はまさに十文字である。この反対側に柄があり、それでアマモなどに付着して生活している。東北から九州にかけての太平洋岸で見ることができる。大きさは1～2cm程度。十文字クラゲ目という名前は、このジュウモンジクラゲに由来する。十文字クラゲ類は比較的冷たい海にすむ種類であるが、ジュウモンジクラゲのように日本に広く分布する種類もいる。

シャンデリアクラゲの仲間
Manania uchidai (Naumov)

撮影地／北海道・羅臼海岸　大きさ／1cm　水深／4m

夏季に北海道東岸で普通に見られる。傘の部分（十文字クラゲ類では萼部という）が四角錐形になっているのが特徴。大きさは約1cm。十文字クラゲ類の仲間は、同じ体の中にクラゲとポリプの特徴を併せ持つ特異な種類とされている。つまり、萼部の部分がクラゲに相当し、それ以外の部分がポリプに相当する。

シラスジアサガオクラゲ
Haliclystus borealis Uchida

撮影地／北海道・礼文島　大きさ／2cm　水深／1m

萼部はアサガオの花を思わせる形をしている。夏に北海道の太平洋岸からオホーツク海沿岸にかけて見られる。写真のように、体は付着している海藻や海草に似た色をしている。大きさは2cm程度。

ヒガサクラゲ
Haliclystus stejnegeri Kishinouye

撮影地／北海道・厚岸　大きさ／2cm　水深／2m

北海道でしか見られない寒流系の種類である。萼部がアサガオクラゲよりも広がった状態になっているのが特徴。大きさは1.5cm程度。写真では萼部の縁に白い突起が見えるが、これは錘(anchor)と呼ばれ触手から変化した袋状のものである。この錘は粘着性が強く、十文字クラゲ類が海藻や海草の上を移動するとき、まさにアンカーの役目をしている。

ムシクラゲ
Stenoscyphus inabai (Kishinouye)

撮影地／神奈川県・観音崎　大きさ／1cm　水深／1m

萼部と柄の部分の区別が不明瞭で全体的に細長い円錐形をしている。夏、北海道西岸から九州までのホンダワラなどの海藻上で見られる。大きさは、十数mm程度。写真では十文字クラゲ類の特徴のひとつであるマチ針のような形をした触手がよくわかる。この触手先端の小球にはたくさんの刺胞があり、これを使って餌を捕まえる。

CNIDARIA　SCYPHOZOA

海藻の茂みにすむクラゲ

　ミズクラゲの生活史（p.12）のところで紹介したように、鉢クラゲ類は浮遊生活をするクラゲの時期と付着生活をするポリプの時期を持ちます。しかし、十文字クラゲ類は一生を海藻や海草の上で生活することを選んだ変わり者です。

　変わっているのは生活の様子だけではありません。十文字クラゲ類は、同じ体の中にクラゲとポリプの特徴を併せ持っているのです。傘の部分（萼部）がクラゲに、それ以外の柄の部分などがポリプに相当します。さらに、プラヌラ幼生でさえ泳ぐことなく、生み出された近くで成体になります。すみ家とする海藻などが流れ出していかない限り、十文字クラゲ類はまったく移動することなく、生まれた場所で一生を過ごすことになります。

　十文字クラゲ類のすむ海藻の茂みは、クラゲたちの大好きな小さな甲殻類がたくさんいます。この"餌の宝庫"である海藻の茂みにすみついているクラゲはほかにもいます。たとえば、ヒドロ虫類に属するハイクラゲも、泳ぐことをすっかりやめてしまい、海藻の上を這いまわりながら餌を捕まえます。エダアシクラゲやカギノテクラゲなど泳ぐ力を持っているクラゲでも、海藻の上で餌を待ち伏せしているものもいます。特に、カギノテクラゲは強力な刺胞を使って、小魚さえ捕まえてしまいます。

海草にぶら下がってワレカラ（甲殻類）を捕まえたヒガサクラゲの仲間

海藻の上を這い回るハイクラゲ
写真　並河洋

「箱虫」という名前が示すように、
この仲間は傘の形が立方体であることが特徴。
立方クラゲともいう。以前は鉢虫綱に含められていたが、
現在では鉢虫綱とヒドロ虫綱の中間に位置する種類とみなされ、
独立した綱として扱われている。

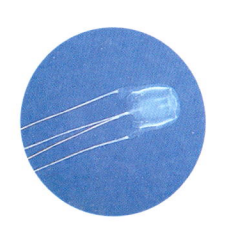

刺胞動物門
CNIDARIA 
箱虫綱
CUBOZOA

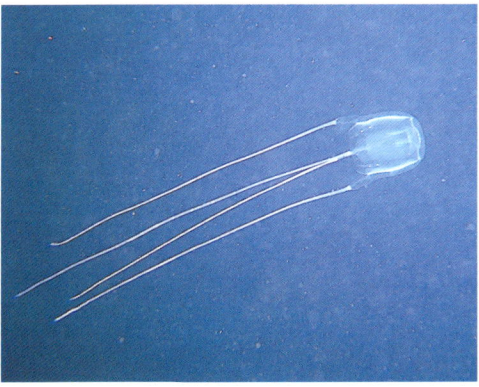

Cubomedusae 立方クラゲ目

アンドンクラゲ
Carybdea rastoni Haacke

撮影地／神奈川県・葉山海岸（群泳）、沖ノ島（単体）
大きさ／傘の径3cm　水深／1m

立方体の傘の四隅から触手が1本ずつ出ている姿から行灯をイメージしてこの名前がつけられた。比較的暖かな海にすむ種類。お盆のころ、岸から海をのぞくと大群をなして活発に泳ぎ回っているのをよく見かける。しかし、海の中では長い触手も目につきにくく、知らないうちにアンドンクラゲに刺されて非常に痛い思いをする。お盆の時期の"デンキクラゲ"はアンドンクラゲのことを指す。傘の高さは3cm程度。

- クラゲ毒の成分(p.40)
- クラゲ危険度ランキング(p.41)
- クラゲはなぜ刺す(p.42)
- 刺されないため&刺されたときの対処法(p.44)

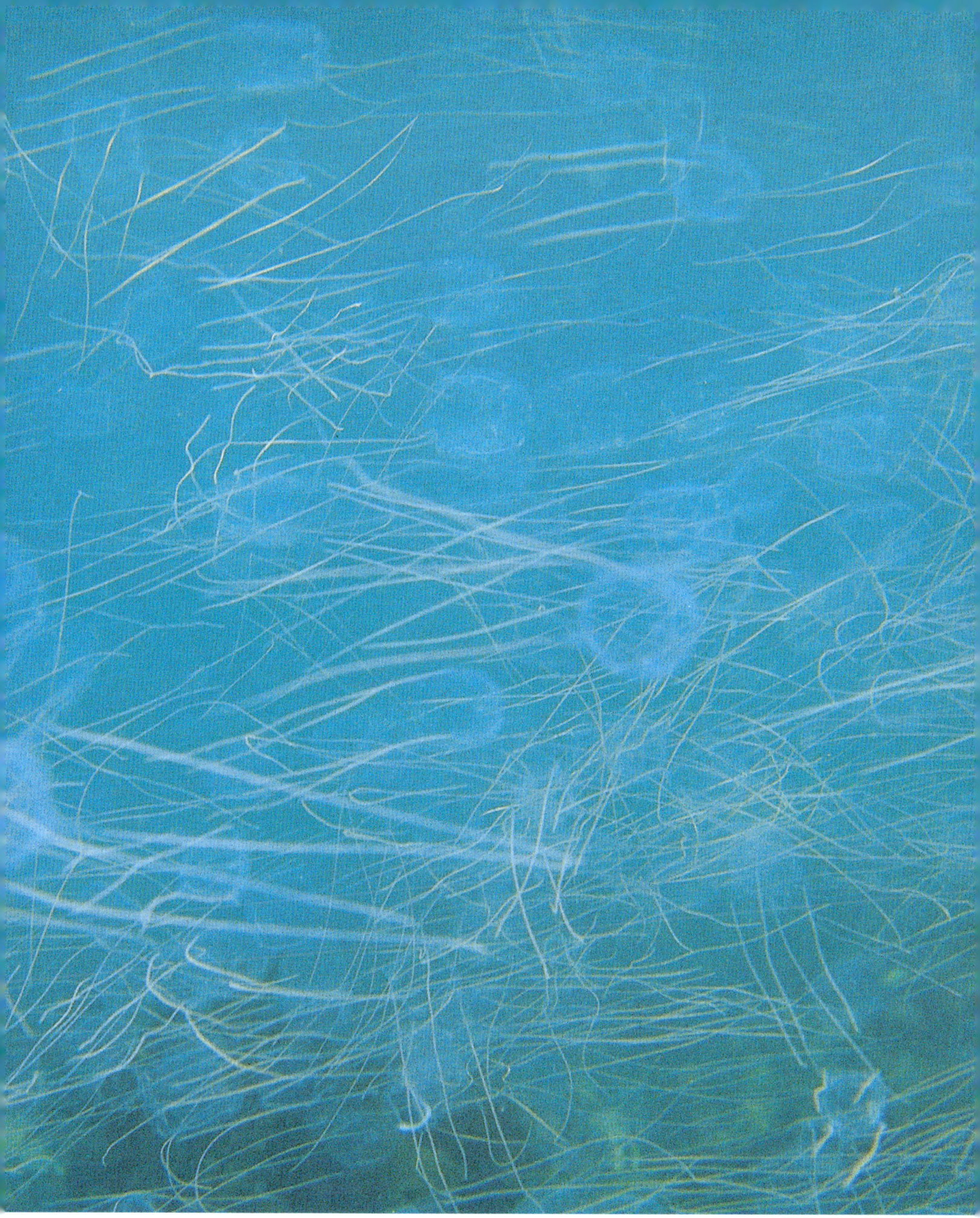

Cubomedusae 立方クラゲ目

ハブクラゲ
Chiropsalmus quadrigatus Haeckel

撮影地／沖縄県・西表島　大きさ／8cm
水深／1m

沖縄県で夏に出現する、刺されると大変危険なクラゲ。このクラゲに刺されて亡くなった人もいる。アンドンクラゲより大きくて、傘の直径は大きなもので10cm程度。傘の4隅から1mを超える触手が数本ずつ束になって伸びている。アンドンクラゲと同じように海中では透明で目につきにくい。オーストラリアでは、さらに毒の強い近縁種が生息している

- クラゲ毒の成分（p.40）
- クラゲ危険度ランキング（p.41）
- クラゲはなぜ刺す（p.42）
- 刺されないため＆刺されたときの対処法（p.44）

写真　ネイチャー・プロダクション

クラゲ毒の成分

　ハブクラゲに刺されると、まるで電気が走ったような激烈な痛みに襲われます。アンドンクラゲやカツオノエボシなどに刺されたときも痛みはたいへん強烈です。これは、クラゲに刺されたときに、刺胞毒が体の中に入ったため起こる現象です。刺胞毒には、タンパク性毒を主成分として皮膚を壊死させる毒や呼吸中枢などの神経系に作用する毒、そして溶血性致死毒などがあります。そのほか、アレルギーを起こす物質も含まれているようです。そのため刺されたところがひどく腫れてしまったり、さらに頭痛や吐き気がしたり、呼吸困難に陥ったりするのです。ひどいときにはショック状態になってしまいます。
　クラゲに刺されたときの症状は、刺したクラゲの種類によっても刺された人によっても異なります。というのも、毒の組成や強さはクラゲによってそれぞれ異なり、また人によって毒に対する感受性が違うからです。
　刺胞毒については、これまでオーストラリアなどで盛んに研究されてきましたが、その化学成分はまだ特定されていません。不安定なタンパク質であり、また種によって毒の組成が異なるため、なかなか化学的な性状を突き止められないからです。それでも、オーストラリア沿岸にすむ、世界一強い毒を持つという*Chironex fleckeri*（ハブクラゲの仲間）に対しては抗毒血清が作られました。オーストラリアの海水浴場では抗毒血清を常備して、死亡事故を防ぐ努力がされているそうです。

- クラゲ危険度ランキング（p.41）
- クラゲはなぜ刺す（p.42）
- 刺されないため＆刺されたときの対処法（p.44）

クラゲ危険度ランキング

ミズクラゲに触れてもあまり痛みを感じることはありませんが、危険なクラゲと勘違いしている人がいます。逆に、危険なクラゲと知らずにカツオノエボシでキャッチボールをして大変なことになってしまう人もいます。どのクラゲが刺されると危険なのか知っておく必要がありそうですね。

そこで、危険なクラゲとして知られている種類とその出現時期をまとめてみました。ただし、この危険度ランキングはあくまでも目安です。毒に対する感受性には個人差があるため、イエローゾーンのクラゲでも刺されると危険な場合があります。

また、刺されるたびに毒に対して体が過剰に反応するアナフィラキシーという過敏反応も知られています。1度クラゲに刺された人は、2度目にあまり毒の強くないクラゲに刺された場合にも体が過敏となり危険な状態に陥ることもありえるのです。サカサクラゲを研究していた人から、「サカサクラゲを採集に行くたびにだんだん痛みが強くなった」という話を聞いたことがあります。

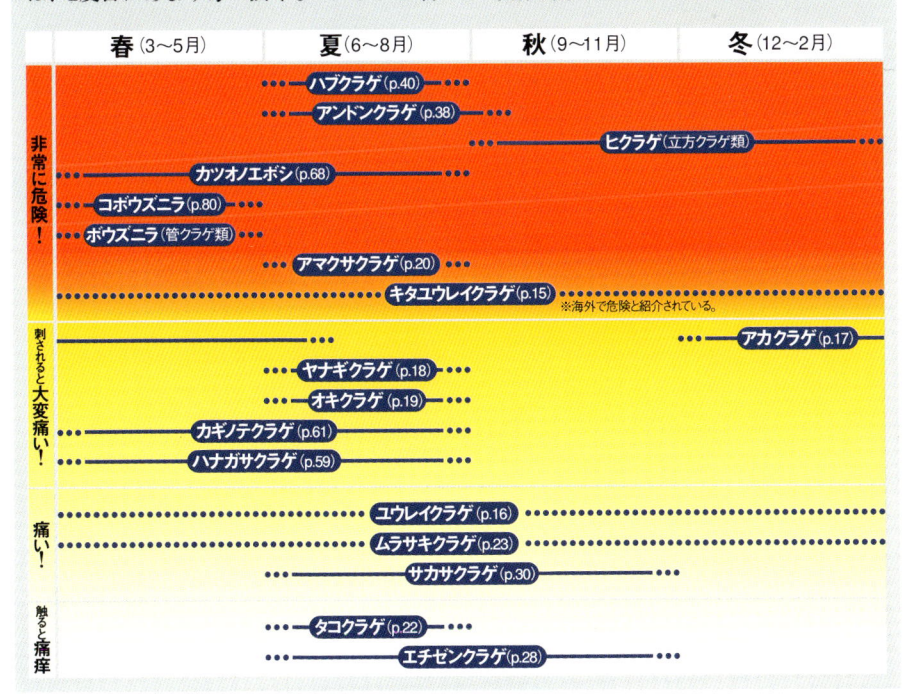

世界最大級のクラゲの Chrysaora fuscescens Brandt。大きいもので傘の直径80cm、全長4mにもなる地中海産のクラゲ。Chrysaora属のクラゲは英名シーネットル（海のイラクサ）と呼ばれ、刺されるとたいそう痛い　写真　江ノ島水族館

	春(3〜5月)	夏(6〜8月)	秋(9〜11月)	冬(12〜2月)
非常に危険！		ハブクラゲ(p.40)		
		アンドンクラゲ(p.38)		
			ヒクラゲ(立方クラゲ類)	
	カツオノエボシ(p.68)			
	コボウズニラ(p.80)			
	ボウズニラ(管クラゲ類)			
		アマクサクラゲ(p.20)		
		キタユウレイクラゲ(p.15)	※海外で危険と紹介されている。	
刺されると大変痛い！				アカクラゲ(p.17)
		ヤナギクラゲ(p.18)		
		オキクラゲ(p.19)		
	カギノテクラゲ(p.61)			
	ハナガサクラゲ(p.59)			
痛い！		ユウレイクラゲ(p.16)		
		ムラサキクラゲ(p.23)		
		サカサクラゲ(p.30)		
触ると痛痒		タコクラゲ(p.22)		
		エチゼンクラゲ(p.28)		

クラゲはなぜ刺す

　クラゲは刺胞動物と有櫛動物という2つの大きいグループに分けられますが、刺すクラゲは前者に属するものに限られます。

　刺胞動物は、その名が示すとおり刺胞を持つ動物です。刺胞は刺細胞という細胞から変化した、大きさ1/100mm程度の非常に小さなカプセル状の装置です。その内部は毒液で満たされているとともに、中空の管(刺糸という)が巻き込まれています。刺糸は、刺胞が何らかの刺激を受けると飛び出す仕組みになっています。それも、ピタッとしたゴム手袋を脱ぐとき表裏が逆になってしまうように、内と外を反転させながら外に飛び出していくのです。これは一瞬の出来事です。

　刺胞は、特に触手にたくさん集まっていて、餌(獲物)を捕まえたり外敵から身を守るときに使われます。たとえば、淡水にすむヒドラ(ヒドロ虫類)では、次のようなことがわかっています。

① 餌が触手に触れると、その物理的刺激で少し刺胞が発射される。
② 刺胞が刺さったところからにじみ出るグルタチオンなどのタンパク質に敏感に反応し、多数の刺胞からいっせいに刺糸が飛び出す。
③ 突き刺さった刺糸の管を通って出てきた毒液で餌の体を麻痺させてしまう。
④ 動きの止まった餌は口に運ばれる。

　クラゲに刺されたときも、これと同じようなことが起こって刺胞の毒が体内に入ります。なお、刺胞は使い捨ての装置です。どんどん生産されて次々と補給されます。

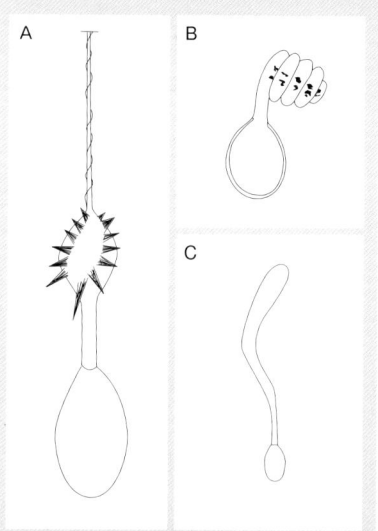

いろいろな刺胞のタイプ

A　B　C

刺糸が中空の管になって刺すタイプ(図A)のほか、巻きつくタイプ(図B)や表面がねばねばしていて粘着するタイプ(図C)がある。それぞれのタイプは、さらに刺糸の形態などで区別され、全体で23タイプに分類される。この刺胞のタイプはクラゲの種類によって決まっているが、同じ種類でもポリプとクラゲで違っていたり、体の部位で異なる場合もある

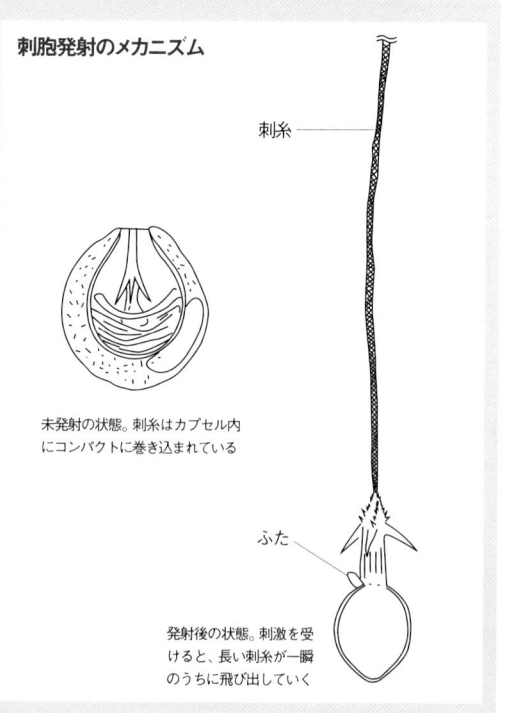

刺胞発射のメカニズム

刺糸

未発射の状態。刺糸はカプセル内にコンパクトに巻き込まれている

ふた

発射後の状態。刺激を受けると、長い刺糸が一瞬のうちに飛び出していく

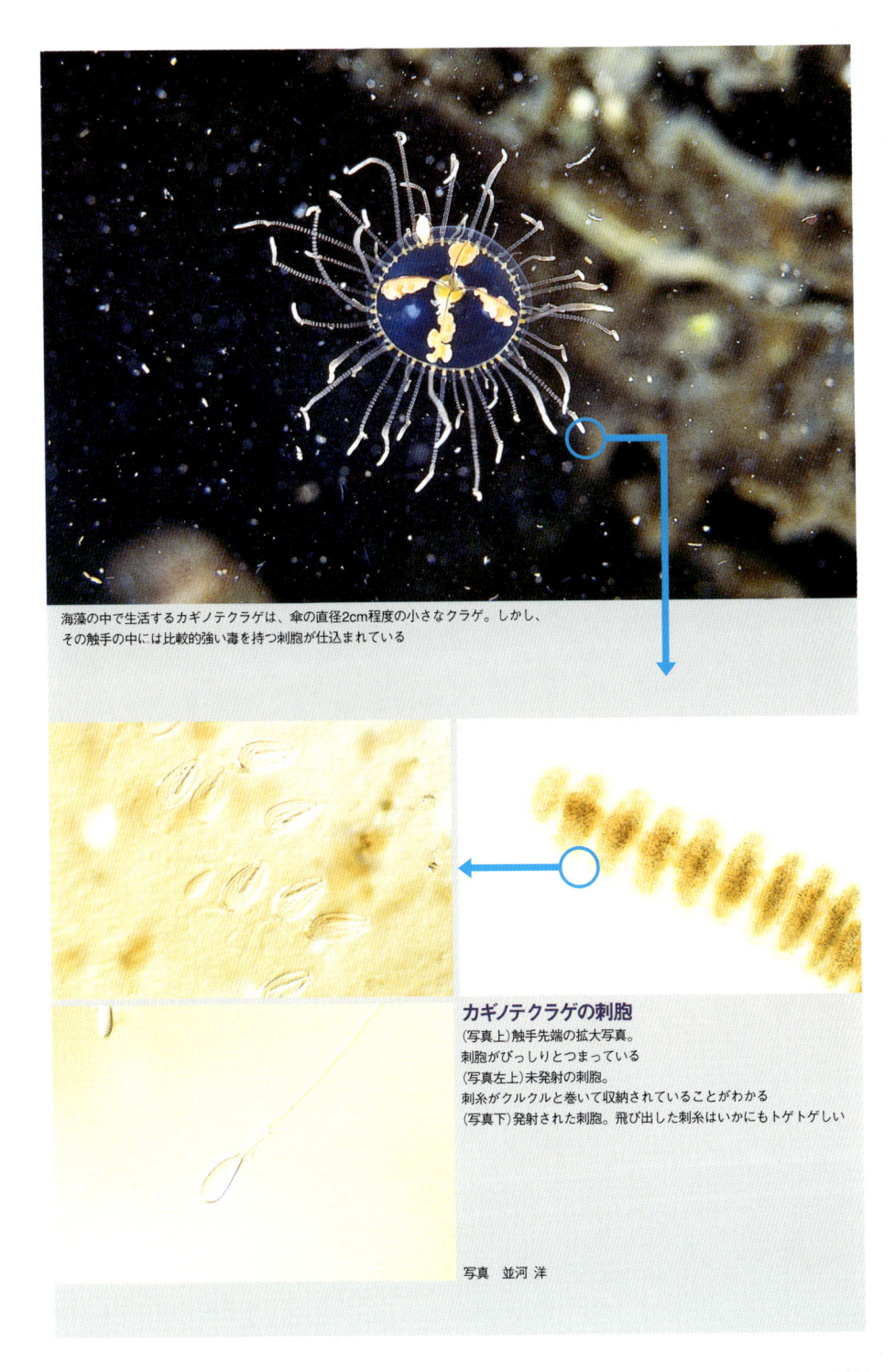

海藻の中で生活するカギノテクラゲは、傘の直径2cm程度の小さなクラゲ。しかし、その触手の中には比較的強い毒を持つ刺胞が仕込まれている

カギノテクラゲの刺胞

(写真上)触手先端の拡大写真。
刺胞がびっしりとつまっている
(写真左上)未発射の刺胞。
刺糸がクルクルと巻いて収納されていることがわかる
(写真下)発射された刺胞。飛び出した刺糸はいかにもトゲトゲしい

写真　並河　洋

刺されないための&刺されたときの対処法

クラゲに刺されないために

クラゲに刺されないためには、まずどのクラゲが危険で、その出現時期はいつなのかを知っておくことです（●クラゲ危険度ランキング、p.41）。次に、岸から海を眺めてみましょう。浮き袋(気胞体)が目立つカツオノエボシなどなら事前に見つけることができます。

しかし、アンドンクラゲやハブクラゲなど海中を漂う透明なクラゲを見つけ出すことは岸からはできません。ですから、海水浴場の管理者はクラゲの発生状況を把握し、それを海水浴客に知らせるとともに、クラゲよけのネットを張るなど海水浴客の安全を守ることが必要になってきます。

一方、海水浴客は管理者の注意に従うことが必要です。特に、子供が刺されないように親は注意しなければなりません。また、岸に打ち上がったクラゲでもまだ刺す力が残っているものがいます。触らないよう心がけましょう。また、危険なイソギンチャク類がいるところでは、素足で歩かないことです（●サンゴはクラゲの親戚、p.94）。

スキンダイビングやスクーバダイビングのときは、肌の露出を控えることです。ウエットスーツなどで体を保護しましょう。ウエットスーツを着ていても顔など露出部分がある場合は注意が必要です。顔など露出しているところを刺されてパニックにならないように気をつけたいものです。特に、浮上するときは水面にクラゲがいないか、頭上注意です。

刺されてしまった場合の対処法

クラゲに刺されてしまった場合、絶対にこすってはいけません。それが刺激となってさらに刺胞が発射され、症状がひどくなってしまうからです。真水をかけると刺胞発射が促されるので、真水で洗うことも厳禁！　また、まとわりついた触手を素手で取ろうとすると、さらに刺されてしまいます。では、どうすればよいのでしょうか。

まず、ピンセットや手袋をはめた手で触手を取り除きます。そのあと、抗ヒスタミン剤や副腎皮質ホルモン剤の入った軟膏を塗り病院に行きましょう。呼吸や心臓が止まっている場合、すぐに心臓マッサージと人工呼吸を行なうことはいうまでもありません。

なお、オーストラリアでは Chironex fleckeri (ハブクラゲの仲間)に刺されたら、すぐに、2〜3ℓの酢(食用酢でかまわない)をかけることが推奨されています。このクラゲの刺胞は5%程度の酢酸をかけると脱水してしまい、発射が抑えられるという研究から発案されました。酢がかかった触手は触れても刺されることはないので、手で取り除くことができるそうです。

しかし、困ったことに酢酸が刺胞発射の刺激となる種類もいます。つまり、酢を使った対処法がかえって危険な場合もあるのです。なかなか一筋縄ではいきません。それぞれのクラゲごとに刺胞発射を促す物質と抑える物質を明らかにして、個々に対処法を見つけ出していかなければならないのです。

南西諸島・西表島の看板
写真　並河洋

鉢虫類のクラゲは大型で肉厚感があるのに対して、
ヒドロ虫類のクラゲは繊細で透明なガラス細工のようだ。
しかも、多くは非常に小さく、拡大鏡を通さないとその美しさを知ることができない。
さらに、ヒドロ虫類は姿形やポリプとクラゲの関係などが多様で複雑となっている。
種数も多く、日本周辺で見られる鉢虫類は30種程度だが、
ヒドロ虫類は500種以上にのぼる。

刺胞動物門
CNIDARIA
ヒドロ虫綱
HYDROZOA

Anthomedusae 花クラゲ目

カミクラゲ
Spirocodon saltator (Tilesius)

撮影地／神奈川県・葉山海岸　大きさ／6cm　水深／2m

カミクラゲという和名は、写真のようにまるで髪の毛がたなびくようにたくさんの触手が伸びていることから名づけられた。日本特産のたいそう美しいクラゲで、青森から九州にかけての太平洋岸に出現する。春になると静かな入江などで成熟したクラゲを見ることができる。傘は円筒状。触手は8群に分かれて傘縁から伸びている。体のつくりは、ヒドロ虫類のクラゲの中では最も複雑だ。傘の中にコイルを巻いたように見えるものは生殖腺。触手の付け根にたくさん並んでいる赤い粒は眼点で、ここで光の変化を感じる。光に反応してポンポン跳ねるように泳ぐ様子から、跳躍を意味するラテン語（saltat）由来の種小名がつけられた。花クラゲ類の種類としては大形で、傘の高さは10cmにもなる。

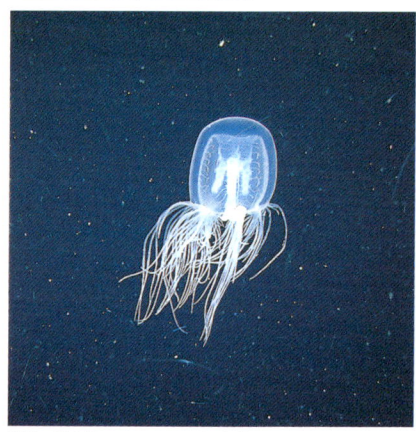

"髪"が落ち着いている4cmほどの個体

キタカミクラゲ
Polyorchis karafutoensis Kishinouye

撮影地／北海道・厚岸　大きさ／3cm　水深／1m

種小名のkarafutoensis（樺太から由来）が示すように北にすむクラゲ。北海道では夏、成熟したクラゲを見ることができる。カミクラゲと似ているが、カミクラゲの触手が群をなしているのに対して、キタカミクラゲの触手は傘縁全体に分布していることで区別できる。大きさはカミクラゲより小さく、傘の高さは4cm程度。また、写真では傘中央に房状になった生殖腺が見えている。カミクラゲもキタカミクラゲもポリプは見つかっていない。さて、一体どこにいるのだろう。

触手が伸びているところ

Anthomedusae 花クラゲ目

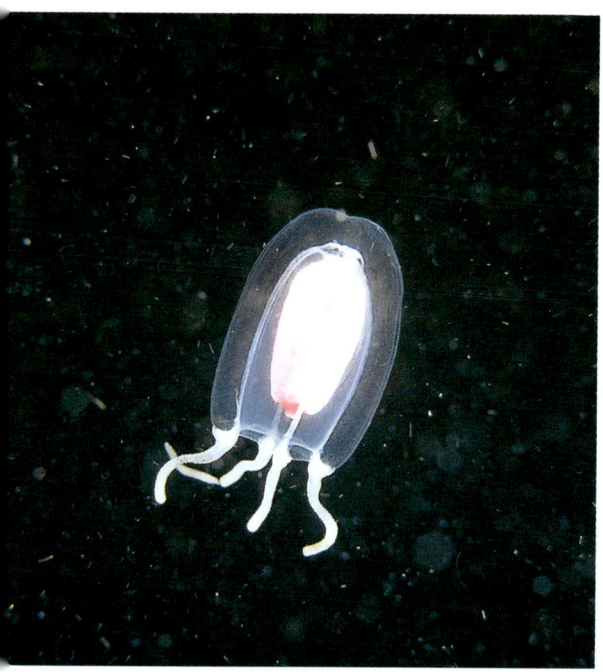

サルシアモドキ
Euphysa japonica (Maas)

撮影地／北海道・羅臼　大きさ／2cm　水深／1m

寒い海にすむクラゲで、日本では北海道で見られる。傘の高さは大きなもので2cm程度。ポリプは知られていない。傘の中央にぶら下った管状のものは口柄と呼ばれ、先端に口がある。写真では先端の部分のみが見えている。傘にある4本の筋は放射管といい、傘の縁を取り巻く環状管につながっている。これらの管は、口柄にある胃腔で消化吸収した栄養分などを運搬する役目を担っている。傘縁からは4本の触手が伸びている。また、傘の縁に見えるドーナツ状の薄い膜は、ヒドロ虫類のクラゲの特徴である縁膜。この写真では口柄を取り巻く白い塊が見えるが、これは生殖腺。このように生殖腺が口柄を取り巻いて発達することも花クラゲ類の特徴だ。

▶ クラゲの多様な姿(p.66)

ウラシマクラゲ
Urashimea globosa Kishinouye

撮影地／神奈川県・真鶴半島　大きさ／1cm
水深／1m

日本と中国沿岸でしか見つかっていないクラゲ。早春の関東周辺、夏の北海道や東北の日本海沿岸で採集されたことがある。野外からポリプは見つかっていない。触手には、短い柄をもつマチ針のようなものがたくさん見える。この"マチ針"の先の球体には刺胞が充満している。傘の高さは大きなもので1.5cm程度。

ヒドロ虫の不思議

形の不思議

　ここに2枚のヒドロ虫類のポリプの写真があります。一方はエダアシクラゲのポリプで、他方はジュズクラゲの仲間のものです。属している科が違うにもかかわらず、ほとんど同じような形をしています。クラゲ芽をつけている場所もほとんど同じです。これだと、どちらがどの種のポリプなのかわかりませんね。しかし、この2種はクラゲを出すと、その形で違いがはっきりします（●p.52）。このように、ポリプでは区別がつかないがクラゲになると見分けがつくという種は、ヒドロ虫類にたくさんいます。逆に、ヒトエクラゲ（●p.57）とフサウミコップ（●p.58）の場合は、ポリプの形で見分けられますが、クラゲの形では識別が困難です。これは進化のいたずらでしょうか。

　このいたずらは、私たちを悩ませてしまいます。図鑑の写真だけでは同定できないからです。ヒドロ虫類のクラゲとポリプの複雑な関係を解きほぐすために、野外から採集された標本を精査するだけでなく、クラゲ世代とポリプ世代を飼育して生活史をはっきりさせる研究も続けられています。しかし、この複雑な関係を完全に解きほぐすためには、まだまだ時間がかかりそうです。

生殖の不思議

　プラヌラ幼生から変態したポリプは、無性生殖で自分の分身（クローン）をつくり続けます。同じ遺伝子が限りなく受け継がれていく、という意味で不死なのです（●もうひとつの姿——ポリプ、p.82）。一方、クラゲは生殖器官であり、有性生殖を終えると普通は死んでしまいます（●クラゲの寿命、p.51）。

エダアシクラゲのポリプ

ジュズクラゲの仲間のポリプ
写真　並河 洋

　しかし、ヒドロ虫類のクラゲの中には、コモチカギノテクラゲのようにクラゲからクラゲを無性的につくる種類がいます。また、地中海にすむベニクラゲ（*Turritopsis nutricula*）において、ポリプから離れたクラゲが有性生殖を終えクラゲとしての寿命を終えると、再びポリプへと姿を変える現象が最近になって発見されました。さらに、ポリプがいったん休眠してからでないとクラゲをつくらない種類も見つかっています。ヒドロ虫類の生殖は不思議でいっぱいです。

Anthomedusae 花クラゲ目

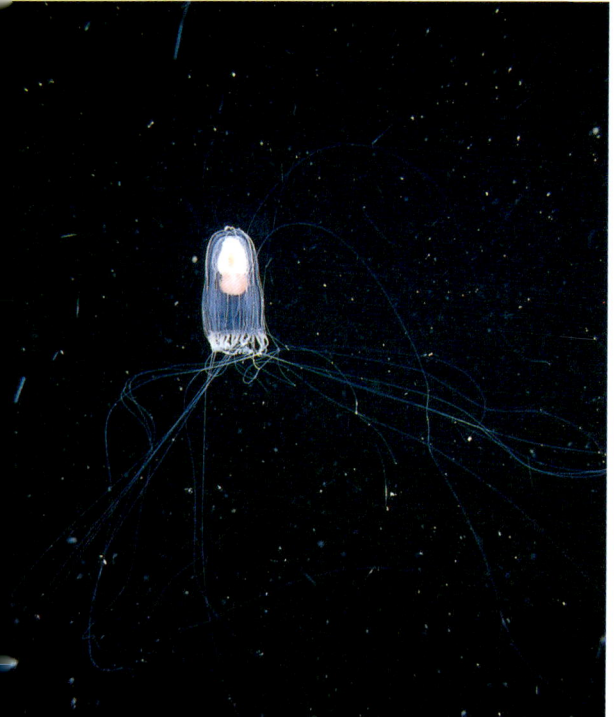

ハナアカリクラゲ
Pandea conica (Quoy and Gaimard)

撮影地／神奈川県・葉山　大きさ／3cm　水深／1m

これまで神奈川県三浦半島の先端、三崎周辺で知られていたクラゲ。今回、奄美大島でも確認された。傘は釣鐘（つりがね）状で、大きいものは傘の高さが3cmにもなる。傘の奥に見られる赤い塊は生殖腺、その下にフリルのように見えるものが口唇と呼ばれる口柄の先端部分である。触手は44本あり、触手の付け根に眼点がある。下の写真で傘に赤い斑点状に見えているものは、寄生しているクラゲノミの仲間（●クラゲがすみ家②、p.58）であろう。

今回、奄美大島で6月に撮影された個体

エボシクラゲ
Leuckartiara octona (Fleming)

撮影地／水槽撮影　大きさ／0.2cm

青色（放射管や環状管）と紅色（口柄や口唇）がたいそう美しい。この写真のクラゲはまだ幼体だが、傘の頂端にはこの種の特徴である烏帽子状の突起が見える。触手を4本持つものと2本持つものが写っているが、これは成長段階による相違。触手は最初2本だが成長するに従って数が増え、最終的には16本となる。成長したクラゲの大きさは1cm程度。3～4月頃、太平洋岸の温暖な海で見られるクラゲだが、相模湾では1月に成長したクラゲが採集されたこともある。

クラゲの寿命

クラゲはいったいどれくらい生きているのでしょうか？　巨大なエチゼンクラゲなどは長寿なのではないかと思えますが、実際は1年も生きることはないようです。東シナ海付近で発生し、日本海を北上してくる数カ月の間に急速に成長すると考えられています。

ミズクラゲの場合は、1年半ほど生きていることができます。春に生まれたミズクラゲは、その年の夏に繁殖し、冬は海底で過ごします。翌年の夏には再び繁殖を行いますが、ここで力尽きるようです。

冬に幼クラゲが出現するカミクラゲは、5月頃には成熟します。そして、放卵・放精をすべて終えると姿を消してしまいます。一方、クラゲがポリプにとどまっているときにすでに成熟し、ポリプから離れるとすぐに有性生殖を終えてしまうヒドロ虫もいます。

有櫛動物のクシクラゲ類については、その脆弱さゆえに研究がなかなか進みません。どれくらいのスピードで成長するのかさえも明確ではないのです。いまのところ、数週間以上生存するものは少ないのではないかと考えられています。

クラゲは非常に短命なのです。

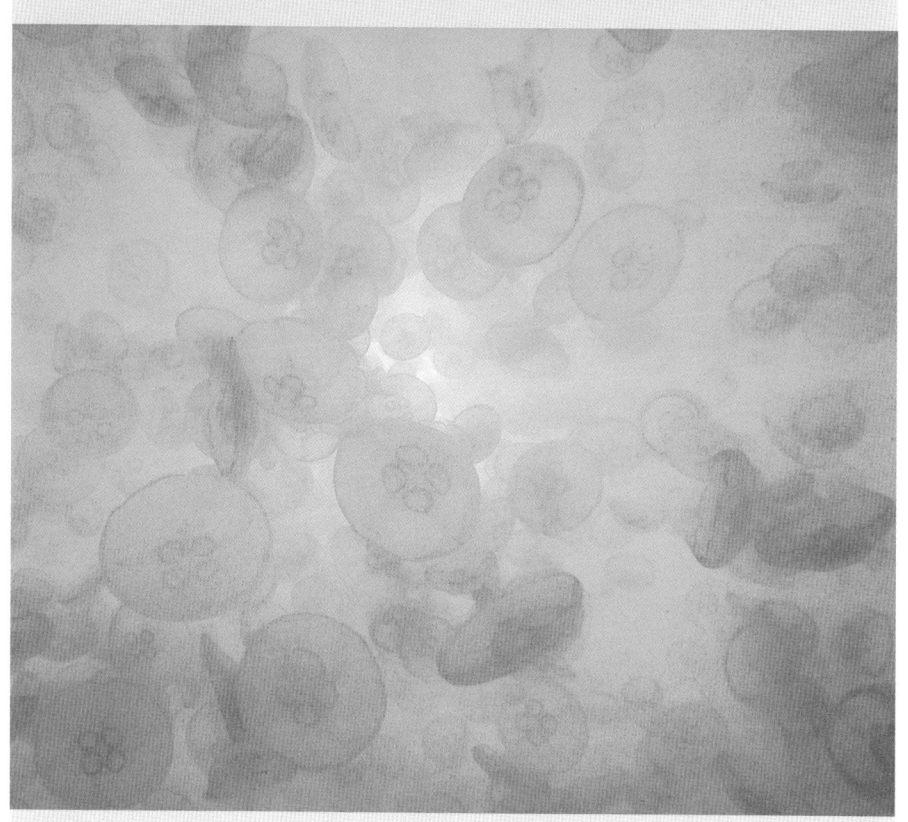

ミズクラゲの大群。彼らの寿命は……？

•••Anthomedusae 花クラゲ目

エダアシクラゲ
Cladonema pacificum Naumov
撮影地／神奈川県・葉山　大きさ／0.8cm
水深／1.5m

日本各地で春から初夏にかけて見られる種類。写真のように海藻の間で生活しているので、海藻の間にプランクトンネットを入れると採集できることが多い。傘の大きさは3mm程度。放射管は多く10本程度あり、それと同数の触手が傘縁から伸びている。触手の基部には眼点がある。和名は触手が枝分かれしていることに由来する。日本にはもう一種、*Cladonema radiatum* Dujardin がいる。

▶ 海藻の茂みにすむクラゲ(p.36)

ジュズクラゲの仲間
Dipurena sp.
撮影地／水槽撮影　大きさ／0.2cm

ジュズクラゲの仲間の特徴は、成長するに従って口柄が傘の外まで伸び、口柄を取り巻く生殖腺が数珠(じゅず)状に連なっていること。成長したクラゲは数mm程度。夏に三浦半島の三崎周辺で見られる。

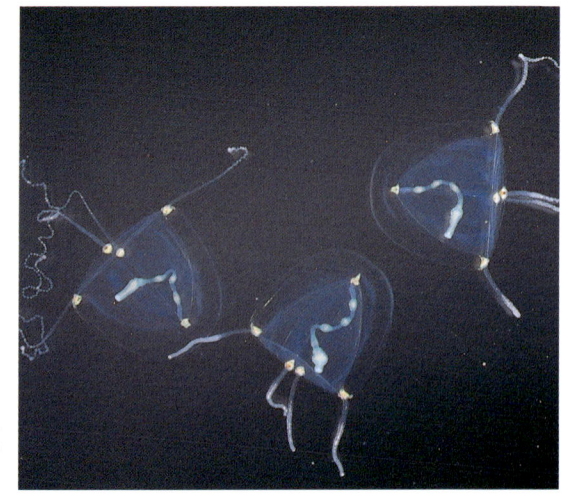

カツオノカンムリ
Velella velella (Linné)

撮影地／伊豆諸島・神津島　大きさ／2.5cm　水深／0m

暖海に広く分布する種類で、日本近海では本州の太平洋沿岸で見られる。美しい青藍色に縁取られた盤状のものから立ち上がっている透明な三角形の帆部に、風を受けて海面上を帆走する。盤状のところ（盤部）の長径は5cmに達するという。この盤部の下面には、餌を食べたり生殖にかかわる個虫（栄養体）がたくさんぶら下がっている。栄養体には褐虫藻類が共生している。写真で盤部の周縁に伸びている糸状のものは感触体で、口を持たず先端に刺胞が密集した個虫である。

ギンカクラゲ
Porpita pacifica Lesson

撮影地／伊豆半島　大きさ／3cm　水深／0m

写真のように円盤状の盤部を持つ。カツオノカンムリのような帆部はなく、海面を漂っている。盤部下面には、カツオノカンムリと同様、たくさんの栄養体がぶら下がっている。盤部の周囲に見えるものは感触体で、太鼓のバチ状の触手を持つことが特徴。盤部の直径は大きいもので4cm程度になる。暖海性の種類で、本州太平洋沿岸で見ることができる。

写真　ネイチャー・プロダクション

Leptomedusae 軟クラゲ目

オワンクラゲ
Aequorea coerulescens (Brandt)

撮影地／福井県・敦賀湾　大きさ／10cm　水深／1m

日本沿岸で春から夏にかけて多く見られる。傘は扁平なお椀を伏せたような形をしていて、直径20cmに達することもある。ヒドロ虫類のクラゲの中で最も大きく、その大きさと寒天質の厚さから鉢虫類のクラゲと間違う人もいる。傘にはたくさんの放射管があり、100本近くの触手が伸びている。傘の中央にある口を大きく広げ、他のクラゲなどを丸呑みする。

▶ 光るクラゲ(p.54)

触手を縮めたところ。撮影地は北海道・羅臼

光るクラゲ

オワンクラゲは、刺激を受けると発光することが古くから知られています。この発光現象のメカニズムは、下村脩博士による長年の研究により明らかにされ、1960年代に発光組織からイクオリンと緑色蛍光タンパク質(Green Fluorescent Protein=GFP)という2つの発光タンパク質が分離・精製されています。

発光組織の中では、イクオリンがカルシウムイオンと結合して青色の蛍光を発し、GFPはイクオリンの蛍光を受けて緑色の蛍光を発します。イクオリンはカルシウムイオンの濃度に応じて発光することから、微量なカルシウムイオンの濃度を測定するための試薬として製品化されています。

一方、GFPは、他の物質と反応することなく紫外線照射だけで蛍光を発することができるタンパク質です。すでに、GFPをつくる遺伝子(GFP遺伝子)の塩基配列は決定されています。そして、追跡中の遺伝子にGFP遺伝子をつなげることで、目的の遺伝子の働いている場所やその遺伝子から作られるタンパク質の場所を突き止めるための蛍光マーカーとして医学や生物学の分野で活用されています。2008年のノーベル化学賞は、医学や生物学において革新をもたらしたこのGFPの発見と応用に関する研究を行なった下村博士を含む3人の研究者に授与されました。

オワンクラゲの他に、鉢虫類のオキクラゲや冠クラゲのムラサキカムリクラゲ、クロカムリクラゲの仲間の傘も発光することが知られています。しかし、これらのクラゲの発光現象についてはまだ謎が多いようです。

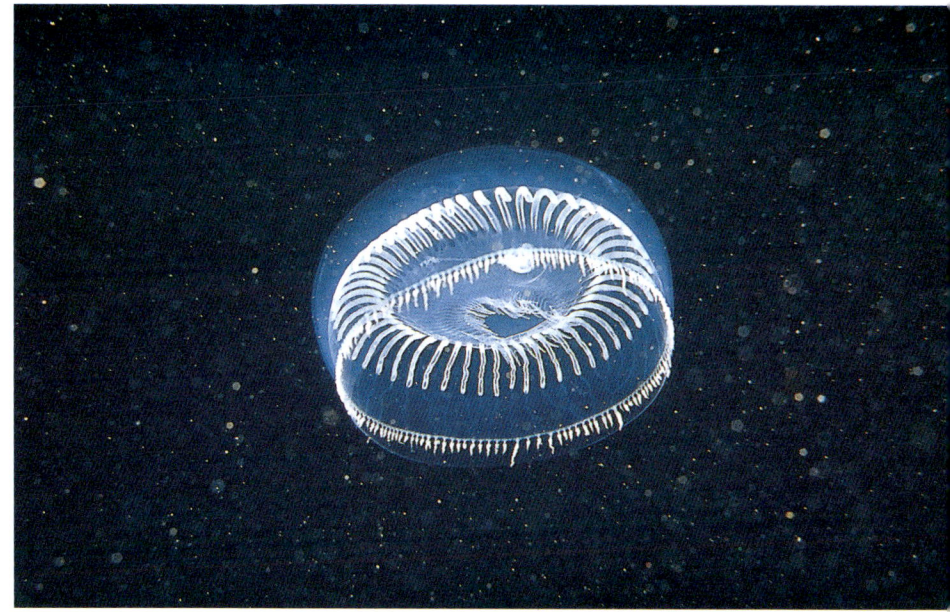

ヒトモシクラゲ
Aequorea macrodactyla (Brandt)

撮影地／西伊豆・大瀬崎　大きさ／5cm　水深／2m

成長したときの傘の直径が8cmまでの小形のオワンクラゲの仲間で、九州から瀬戸内海にかけて見られる。傘の上に太い筋がいく筋も見えるが、これは放射管の上に発達した生殖腺である。このように生殖腺が放射管の上に発達することが軟クラゲ類の特徴。

同じ個体を真横から見たところ

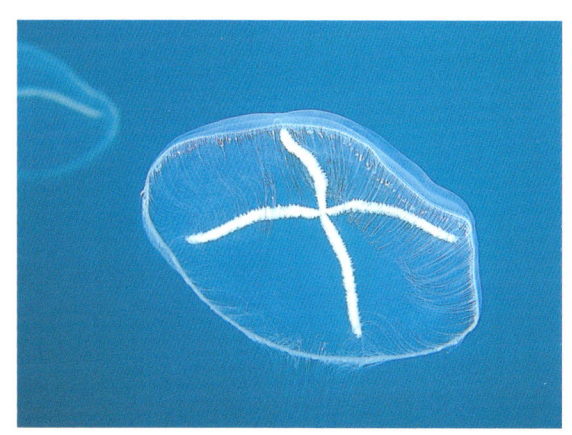

サラクラゲ
Staurophora mertensi Brandt

撮影地／北海道・羅臼海岸　大きさ／15cm　水深／6m

お皿を伏せたような扁平な傘を持つクラゲで、夏の北海道によく出現する。大きなもので傘の直径は20cmにもなる。傘にはブラシ状をした十字形のものが見えるが、これは放射管の上に発達した生殖腺。また、口が放射管に沿って長く裂け、十字形となる不思議なクラゲだ。傘の縁からは数千本の触手が伸びている。

CNIDARIA HYDROZOA

●●● Leptomedusae 軟クラゲ目

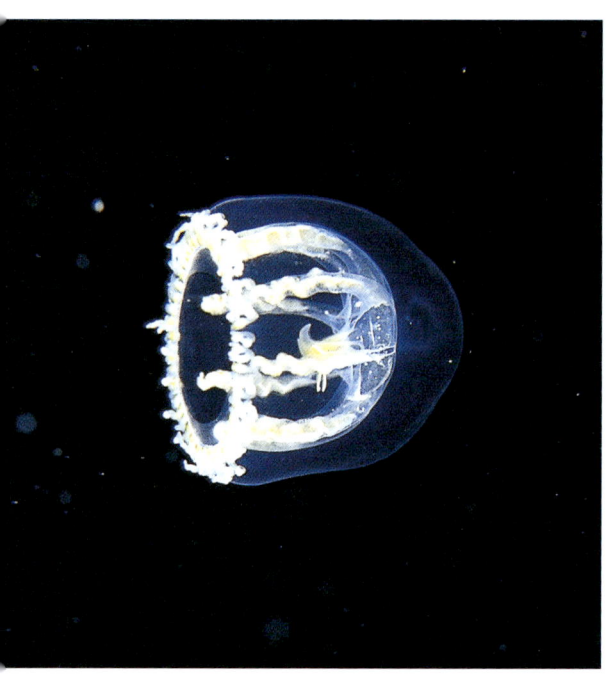

ハナクラゲモドキ
Melicertum octocostatum (M.Sars)

撮影地／能登半島・九十九湾　大きさ／1cm
水深／7m

軟クラゲ類のクラゲは一般に傘が扁平なお椀状や皿状をしているが、このクラゲの場合は花クラゲ類に似て、傘が半球状より深くなっている。しかし、生殖腺（8本の放射管の上に見えるひだ状のもの）のつき方は軟クラゲ類の特徴を示している。触手は64本もあるが短く、螺旋状となっている。陸奥湾から北海道東南部の海岸で知られていたが、今回、本州の日本海沿岸でも見つかった。傘の高さは最大1cm。

ギヤマンクラゲ
Tima formosa L. Agassiz

撮影地／西伊豆・大瀬崎
大きさ／3.5cm　水深／2m

東北地方から北海道までのほか、江ノ島周辺でも見ることができる。ギヤマンとはオランダ語でカットグラスの意味。その名が示すとおり、ガラス細工のように繊細で美しい。傘は少し深く高さ3cm程度、直径は3〜4cm。写真では袋状のものが傘の下に垂れ下がっているように見えるが、これは餌を食べて膨れた胃腔の一部だ。このように口柄の基部が長くなり、胃腔が傘の外に突出していることがこのクラゲの特徴だ。成長したクラゲの触手は32本ほどになる。

エイレネクラゲ
Eirene menoni Kramp

撮影地／西伊豆・大瀬崎　大きさ／4cm　水深／4m

ギヤマンクラゲに似た傘の形で、これまでは天草地方から報告されていた。傘の直径は大きなもので4cm程度。口柄の基部はギヤマンクラゲほど伸びず、全体として傘から出る程度。触手は40本ほどになる。

ヒトエクラゲ
Phialella fragilis (Uchida)

撮影地／西伊豆・大瀬崎　大きさ／1cm
水深／2m

扁平な傘の形をしたクラゲ。これまでは東北から北海道にかけて分布するとされていたが、この写真は伊豆半島で撮影されたものなので、もっと広く分布しているのかもしれない。生殖腺が放射管の一部、傘縁近くにのみ生じることが特徴。触手は16本。傘の直径は1cm程度。

CNIDARIA HYDROZOA

Leptomedusae 軟クラゲ目

フサウミコップ
Clytia languida (A. Agassiz)

撮影地／西伊豆・大瀬崎　大きさ／4cm
水深／2m

生殖腺の発達の仕方などはヒトエクラゲとそっくりだが、まったく別の科に属している。この2種の違いは傘縁の細かな構造を調べないとわからない。日本各地に産し、傘の直径は1cm前後とされるが、写真のクラゲの場合4cmと大きい。触手は32本。

クラゲがすみ家②

クラゲをすみ家とする動物には、クラゲの体の中に入り込んで生活するものがいます。節足動物のクラゲノミ類は、写真のように鉢虫類やヒドロ虫類のクラゲの傘の中、あるいはクシクラゲ類の体の中にすんでいます。

また、節足動物のクラゲエボシは、オキクラゲやユウレイクラゲの傘の上に付着しています。ヤドリイソギンチャクはオワンクラゲの傘の下に付着して成長し、成体になるとそこから離れていくことが知られています。さらに、北海道沿岸の海藻上に見られる節足動物のシマウミグモの一種は、卵から幼体になるまでの間をキタカミクラゲの体の中で過ごすことも報告されています。

そのほか、海外からは吸虫類や条虫類など寄生虫の幼形がクラゲの胃腔内に寄生していることも知られています。

カミクラゲに寄生するクラゲノミ
写真　ネイチャー・プロダクション

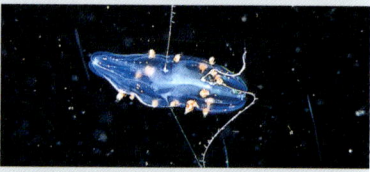

ヘンゲクラゲに寄生するウミノミ

淡水クラゲ目 **Limnomedusae**

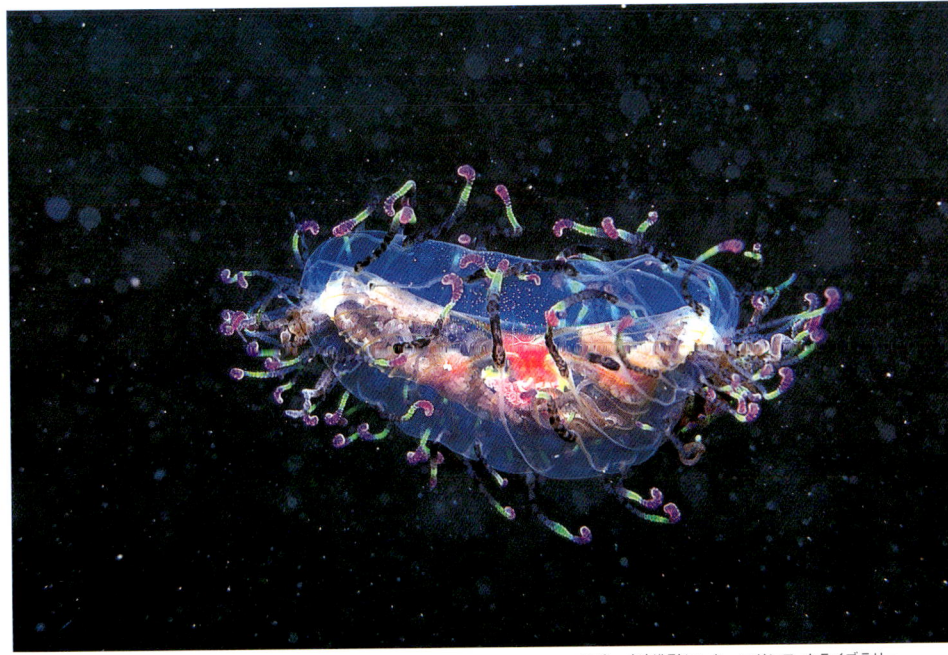

写真　水中造形センター マリンフォトライブラリー

ハナガサクラゲ
Olindias formosa (Goto)

撮影地／東伊豆・川奈　大きさ／10cm　水深／10m

三崎の名採集人の熊さん(*)が名付け親。言い得て妙な和名ではないだろうか。大きなものでは傘の直径が10cmにもなり、大型でカラフルな装いが人の目を引くクラゲである。あまり泳がないようで、海藻の間や岩の上などで見ることが多い。傘の飾りに見えるものも触手で、「美しいものにはトゲがある」のたとえどおり、刺されると痛い。本州中部から九州にかけて分布している。

(*)明治から大正にかけて、東京大学の三崎臨海実験所で生物の採集に携わり、研究者をおおいに助けた青木熊吉氏のこと。『三崎臨海実験を去来した人たち』(磯野直秀・著、学会出版センター)に詳しく述べられている。

神奈川県・葉山海岸で撮影された個体

CNIDARIA HYDROZOA

Limnomedusae 淡水クラゲ目

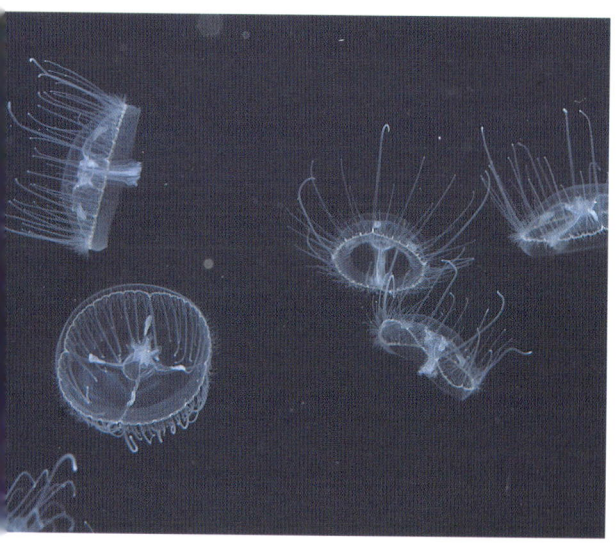

マミズクラゲ
Craspedacusta sowerbyi Lankester

撮影地／東京・新宿御苑の池　大きさ／1〜2cm
水深／2m

名前のとおり淡水に生息する。これまでに河口湖などの大きな湖から小さな池、はたまた防火水槽などで突然見つかり、何年か出現し続けたあと、ぱったりと姿を消すなど神出鬼没のクラゲである。出現時期は8月から中秋のころまで。大きなもので傘の直径は2cmに達する。生殖腺は放射管の上に発達し、白いので透明な傘を通してよくわかる。

写真　ネイチャー・プロダクション

コモチカギノテクラゲ
Scolionema suvaense (A. Agassiz and Mayer)

撮影地／アクアリウム　大きさ／0.9cm

傘の中に塊がいくつも見える。これらは放射管の上に生じたクラゲ芽であり、将来クラゲとなって遊離していくもの。つまり、無性的にクラゲをつくるクラゲで、これが名前の由来となっている。形はカギノテクラゲに似ているが、この「子持ちである」ことで区別がつく。本州から九州各地まで広く見られる。傘の大きさは最大9mm。

カギノテクラゲ
Gonionema vertens A. Agassiz

撮影地／北海道・羅臼海岸　大きさ／2cm
水深／4m

春から夏にかけて各地の海藻や海草の間に見られる。傘は浅い椀状で、放射管上にひだ状に見えるのは生殖腺。また、途中で折れ曲がって見えるのは触手で、その形が鉤（カギ）に似ていることからこの名前がつけられた。折れ曲がった部分には付着細胞というものがあり、それで海藻などにつかまり餌が近づくのを待つことがある。刺胞毒は強烈で小魚なども捕まえて食べる。刺されると当然ながら痛い。また、これまで北の海で見られるものはキタカギノテクラゲ（*Gonionema oshoro* Uchida）とされていたが、現在は本種にまとめられている。

▶ 海藻の茂みにすむクラゲ(p.36)

斜めから見ると生殖腺がよくわかる

CNIDARIA HYDROZOA

●●● Limnomedusae 淡水クラゲ目

エダクダクラゲ
Proboscidactyla flavicirrata Brandt

撮影地／岩手県・大槌　大きさ／0.3cm　水深／3m

北海道から東北地方にかけて見られるクラゲで、傘の直径は2cm程度。この種のクラゲは、成長するに従い放射管が枝分かれを繰り返すようになる。そして、枝分かれした放射管が傘縁に達したところから同じ数だけ触手が生じる。多いもので触手は100本に達する。生殖腺は口柄から放射管にかけて発達する。写真のクラゲはまだ若く、放射管も枝分かれしていない。エダクダクラゲのポリプは触手が2本しかなく、その姿が人に似ていることからニンギョウヒドラともいう。

● ひとりでは生きられないニンギョウヒドラ (p.62〜63)

「生殖」担当・生殖ポリプ
生殖ポリプは細長い棒状で、触手も口も持たない。触手はないのだが、先端には刺胞が密集していて外敵からの防御は忘れていない。ポリプの中ほどには、将来クラゲとなって離れていくクラゲの芽がつくられている。クラゲの芽は、最初は体の一部が膨れた組織でしかないが、徐々にクラゲらしい形に変わっていく。すっかりクラゲの姿になるとポリプから離れ、エダクダクラゲとしての生活を始める。

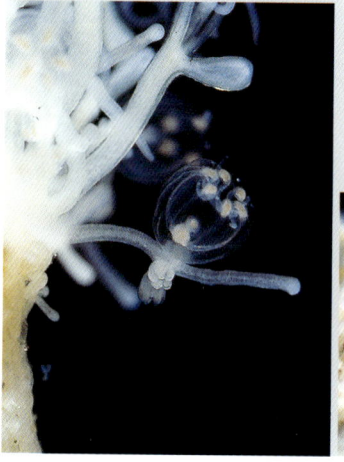

栄養ポリプと生殖ポリプ
ニンギョウヒドラは、それぞれのポリプが互いに根っこでつながって群体をつくっている。ポリプには餌を食べる栄養ポリプと、有性生殖にかかわる生殖ポリプの2種類があり、役割を分担している

「食」担当・栄養ポリプ
ニンギョウヒドラの栄養ポリプは、2本の触手を伸ばしたところが人間の姿に似ている。頭に見えるものの頂端に口が開いていて、触手で捕まえた餌を食べる

ひとりでは生きられないニンギョウヒドラ

　釣りをする人なら、エラコという名前を聞いたことがあるでしょう。砂粒をつけた管状の巣(棲管)で暮らす多毛類(ゴカイの仲間)で、東北地方では釣り餌にされているものです。エラコの棲管をよく見ると、その先端に白や橙色をしたものが見えます。これがエダクダクラゲのポリプである"ニンギョウヒドラ"の群体です。

　ニンギョウヒドラは、すみ家の主・エラコなしでは生きていけないヒドロ虫です。ニンギョウヒドラのポリプは、エラコを棲管から取り出すと、根っこだけを残して姿を消してしまうのです。再びエラコを棲管に戻すと、根っこからポリプが再生してくることから、ニンギョウヒドラのエラコへの依存度の高さがわかります。

　ニンギョウヒドラのように他の動物がいないと生きていけないポリプ世代を持つ種類は、たとえば、シワホラダマシという巻貝の貝殻にだけすむことができるカイウミヒドラなどのように、ヒドロ虫にはけっこういます。このような種と種との係わり合いがどのように築き上げられてきたのか、非常に興味のあるところです。

エラコの鰓冠

ニンギョウヒドラ
(エダクダクラゲのポリプ世代)

エラコと暮らすニンギョウヒドラ
エラコは開いた鰓冠で水流を起こしてプランクトンを集め、口に運んで食べる。ニンギョウヒドラの栄養ポリプは、この水流に乗ってくるプランクトンを触手で捕まえて食べるちゃっかり者

棲管

ニンギョウヒドラの群生
エラコが棲管に鰓冠を引っ込めると、ニンギョウヒドラの栄養ポリプが2本の触手を伸ばして棲管の内側に向かってお辞儀をするかのように取り囲んでいるのがよくわかる。ニンギョウヒドラは、栄養ポリプで棲管の入り口を覆い隠して、宿主のエラコを外敵から守っているのだろう。実際、ニンギョウヒドラの刺胞は強く、刺されると痛い。釣り餌にするためエラコを棲管から出そうとするときにかぶれると言われるが、実はニンギョウヒドラに刺されていたわけだ

Trachymedusae 硬クラゲ目

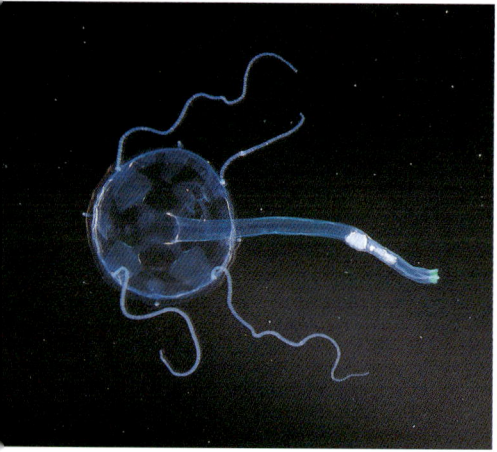

カラカサクラゲ
Liriope tetraphylla (Chamisso and Eysenhardt)

撮影地／西伊豆・大瀬崎　大きさ／3cm　水深／1m

半球状の傘から長い柄が伸びていることが特徴。傘に三角形をしたものが4つ見えているが、これらは扁平な生殖腺である。長い触手が4本あり、その間に短い触手が生じている。暖かな海域のクラゲで、本州中部以南では普通に見ることができる。傘の直径は最大で3cm程度。ポリプの時期はない。

ツリガネクラゲ
Aglantha digitale (Müller)

撮影地／能登半島・九十九湾　大きさ／2cm　水深／7m

これまで北海道から青森県沿岸にかけて春に見られたが、今回、能登半島近くにも出現していることがわかった。一般に釣鐘状の傘は透明だが、写真のように薄紫から紅色をした個体もいる。傘内に白く見える棒状のものは頂端から垂れ下がっている生殖腺で、合計8本。傘の頂端から長く伸びた柄の先に胃腔(写真で白く抜けているところ)があり、傘縁からはときに100本以上もの触手が伸びている。傘の高さは1〜3cm。

剛クラゲ目 **Narcomedusae**

ヤジロベエクラゲ
Solmundella bitentaculata (Quay and Gaimard)

撮影地／西伊豆・大瀬崎　大きさ／0.6cm　水深／1m

傘の頂端から2本の触手が出ていることが特徴。外洋性のクラゲで、冬に本州中部以南の沿岸で見られることが多い。傘の中にあるスリットの入った白いものは、胃腔が枝分かれした盲嚢。盲嚢は8つあり、その中で生殖腺が発達する。傘の直径は大きくても1.5cm程度。

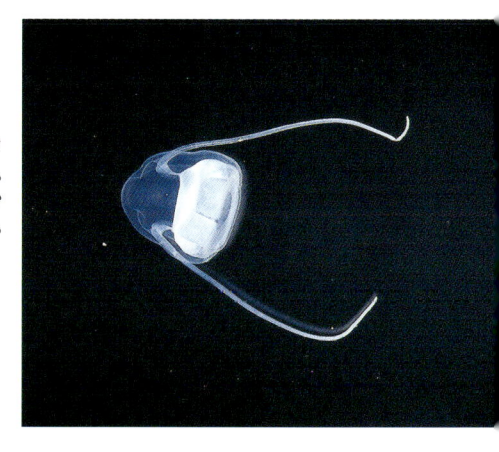

ツヅミクラゲ
Aegina rosea Eschscholtz

撮影地／神奈川県・真鶴半島　大きさ／5cm　水深／2m

冬から春にかけて太平洋沿岸に出現する。傘の上部から触手が5本出ているという珍しいクラゲ。写真のように薄紫色をしていることがある。ヤジロベエクラゲと同様に盲嚢を持ち（写真の白い部分）、その数は8～10個。傘の直径は大きなもので5cm程度。

ニチリンクラゲ科の仲間
Solmarisidae sp.

撮影地／西伊豆・大瀬崎　大きさ／5cm　水深／2m

傘は扁平な円盤状で、10数本の触手が傘縁よりも上部から伸びている。口は中央に丸く開いている。この種の胃腔は環状となり盲嚢は持たない。傘縁にひだ状に見えているのは縁弁である。縁弁を持つことが剛クラゲ類の種の目印だ。傘の直径は5cm程度と大きい。これまで日本からはニチリンクラゲ（*Solmaris rhodoloma* Brandt）が知られていた。この写真のクラゲは、大きさや触手の数などいくつかの点でニチリンクラゲと異なっている。

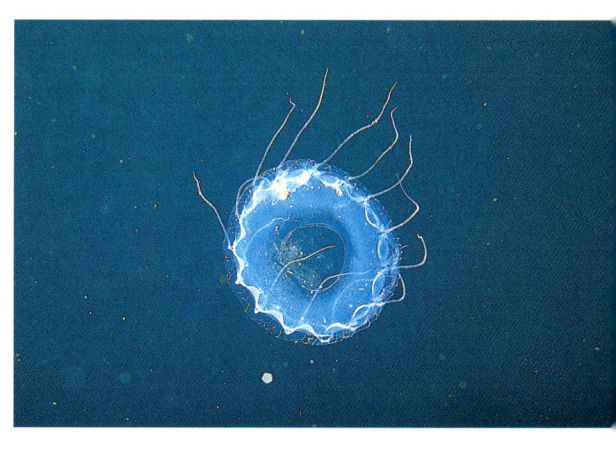

CNIDARIA HYDROZOA

クラゲの多様な姿

　刺胞動物のクラゲには、口はありますが肛門がありません。胃袋は基本的に簡単な袋状です。このように簡単な体のつくりにもかかわらず、クラゲの形は多種多様です。

　この体のつくりは、軟式テニスのボールの1点を指でぐっと押し込んで窪ませた状態にたとえられます。内外2層でできた袋です。さらに、これら2つの細胞層(外胚葉と内胚葉)の間にはジェリー状の組織(中膠)があります。

鉢クラゲ類、特に食用とされるビゼンクラゲ類などでは、この中膠が非常に厚くなっています。

　有櫛動物のフウセンクラゲ類などは、刺胞動物のそれと似ているところがあるものの、口の反対側には2個の小さな排出口があります。また、体の表面には櫛板を持ち、起源を異にする筋繊維も見られるなど、体のつくりを異にしています。

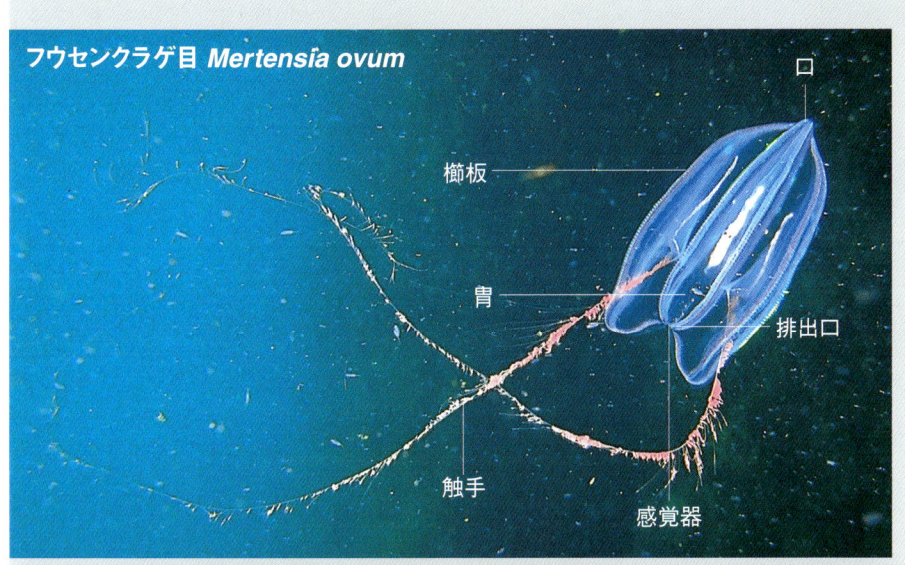

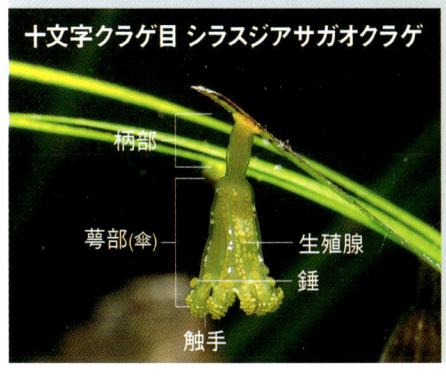

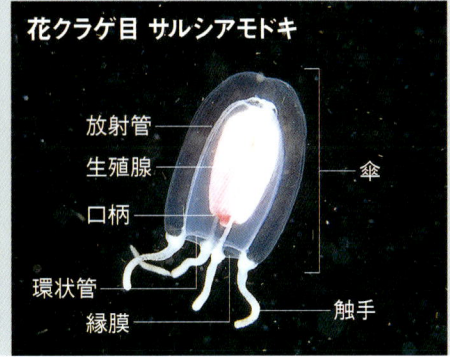

フウセンクラゲ目 _Mertensia ovum_
口／櫛板／胃／排出口／触手／感覚器

十文字クラゲ目 シラスジアサガオクラゲ
柄部／萼部(傘)／生殖腺／錘／触手

花クラゲ目 サルシアモドキ
放射管／生殖腺／口柄／環状管／縁膜／傘／触手

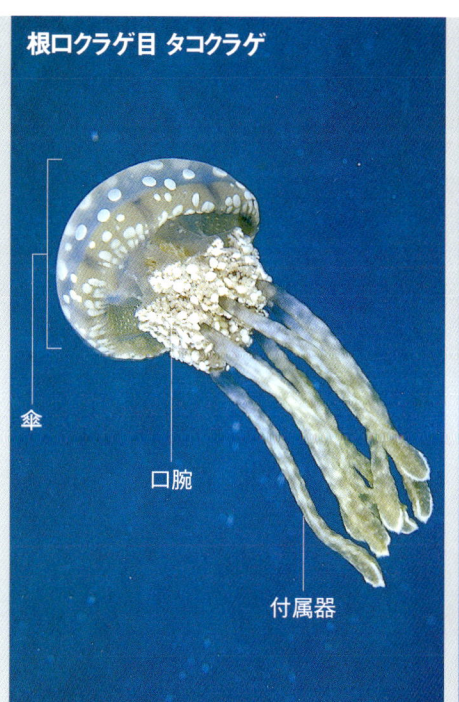

根口クラゲ目 タコクラゲ

- 傘
- 口腕
- 付属器

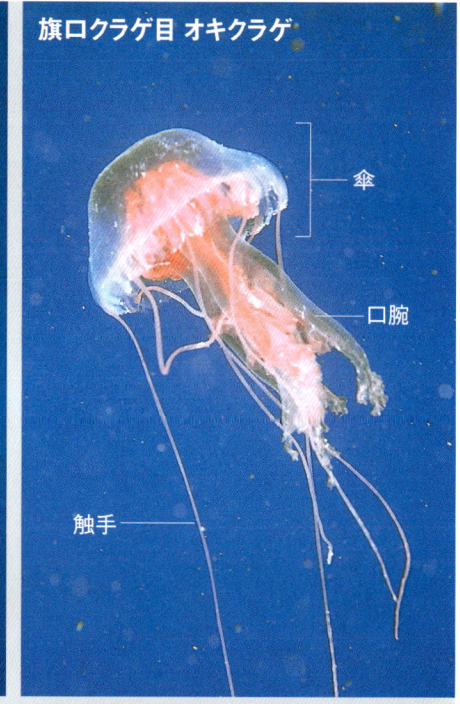

旗口クラゲ目 オキクラゲ

- 傘
- 口腕
- 触手

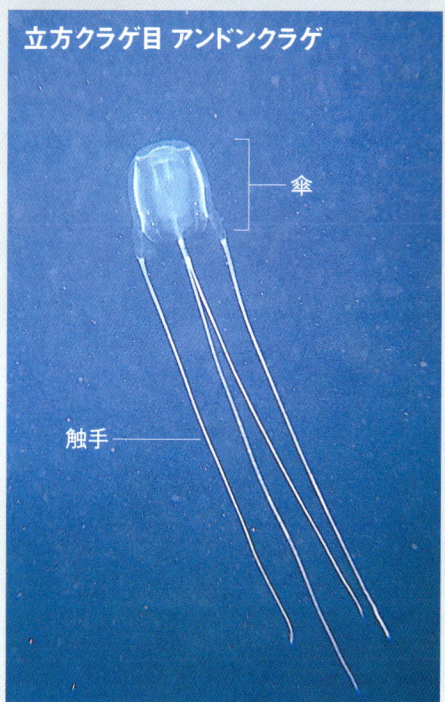

立方クラゲ目 アンドンクラゲ

- 傘
- 触手

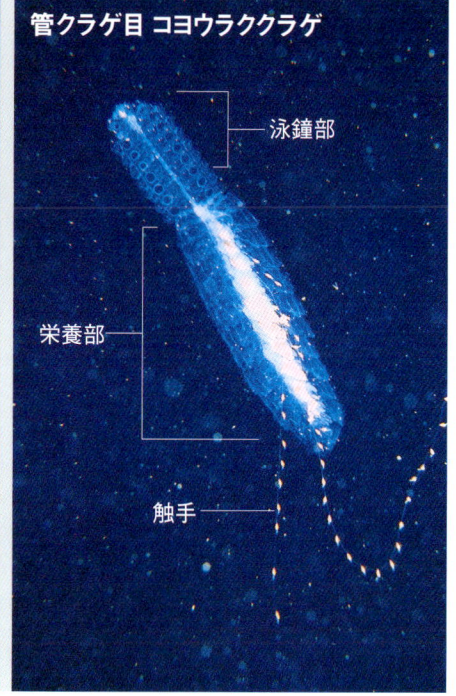

管クラゲ目 コヨウラククラゲ

- 泳鐘部
- 栄養部
- 触手

Siphonophora 管クラゲ目

写真　倉沢栄一

CNIDARIA HYDROZOA

カツオノエボシ
Physalia physalis (Linné)

撮影地／式根島（左）、千葉県・白浜（上）　大きさ／10cm　水深／0m

海岸から見ると烏帽子（気泡体）が青い風船のように見える。初夏、磯でこのように吹き溜まっていることがあるが、刺されると電気ショックのような痛みが走る。絶対に触れないこと

いまかいまかと初鰹を待ち望む新緑の季節になるとやってくるカツオノエボシ。この風流な名前は、もともとカツオの訪れを告げるクラゲとして三浦半島や伊豆半島で古くから呼ばれてきたものという。クラゲといっても海中を漂う普通のクラゲと違って、烏帽子状の浮き袋（気泡体という）で海面に浮かび、風に吹かれて帆走する変わり者。ふだんは熱帯の外洋にすんでいるが、春から夏にかけては季節風に乗って本州太平洋沿岸にやってくる。気泡体の下には、餌を捕まえたり食べたりする、いくつかの役割に分かれた個虫が垂れ下がっている。餌を捕まえる触手は非常に長く、数mにも達するうえ刺胞毒も強烈だ。青く美しい姿に誘われて近づくと、刺されてたいそう痛い思いをする。大変危険なクラゲ。

- 🔵 クラゲ毒の成分（p.40）
- 🔵 クラゲ危険度ランキング（p.41）
- 🔵 クラゲはなぜ刺す（p.42）

CNIDARIA HYDROZOA

Siphonophora 管クラゲ目

フタツクラゲモドキ
Diphyes dispar Chamisso and Eysenhardt

撮影地／神奈川県・葉山　大きさ／1.5cm　水深／0.3m

錐形の泳鐘（えいしょう）が上下に2つ、下の泳鐘が上の泳鐘の中に入り込むような形で連なっている。下の泳鐘先端付近から伸びている白い紐状のものは幹で、泳鐘同士はこれで連絡している。さらに幹の上に連なって見える塊は栄養体などの集まり（幹群）である。上泳鐘、下泳鐘を合わせた大きさは1.5cm程度。南日本で見られる。

ハコクラゲ科の仲間
Abylidae sp.

撮影地／西伊豆・大瀬崎　大きさ／2.5cm　水深／1m

トガリフタツクラゲに似ているが、上泳鐘の先端がさらに尖っている。*Ceratocymba sagittata*（Quoy and Gaimard）と思われるが、詳細は不明。

CNIDARIA HYDROZOA

タマゴフタツクラゲモドキ
Diphyes chamissonis Huxley

撮影地／神奈川県・葉山　大きさ／0.4cm
水深／0.3m

卵形に近い上泳鐘を持ち、下泳鐘に相当するものは見当たらない。上泳鐘の大きさは最大で1cm程度。南日本で見られる。

ハコクラゲモドキ
Abylopsis tetragona (Otto)

撮影地／西伊豆・大瀬崎　大きさ／2cm
水深／1m

これまでの3種と異なり、上泳鐘が非常に小さく形は角柱を基本としている。下泳鐘はかなり大きい。また、写真のように下泳鐘の開口部に大きな突起が2本見られることも本種の特徴だ。この突起は本来5本あるが、2本だけ特大なのである。上下泳鐘合わせた長さは3cmまで。日本近海に普通の種類である。下の写真は群体から離れて独立生活を営むユードキシッドと呼ばれるもので、有性生殖を行うための世代。透明な紡錘形をした生殖体の中に、粒状の卵をたくさん持つ生殖腺が見える。管クラゲ類のうち鐘泳類に属する種類は、通常の群体（無性生殖を行う世代）とユードキシッド（有性生殖を行う世代）を持ち、世代交代を行っている。

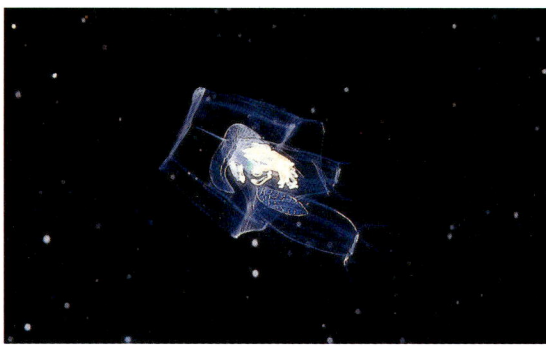

有性生殖を行うユードキシッド。約1cm

CNIDARIA HYDROZOA

•••Siphonophora 管クラゲ目

トウロウクラゲ
Bassia bassensis (Quoy and Gaimard)

撮影地／神奈川県・葉山　大きさ／0.6cm
水深／0.5m

この写真は上泳鐘が離脱したあとの下泳鐘であろう。トウロウクラゲは日本の太平洋沿岸に普通に見られる。長さは上下泳鐘を合わせても約9mm程度。

バレンクラゲ
Physophora hydrostatica Forskål

撮影地／神奈川県・葉山　大きさ／3cm
水深／4m

中部日本の太平洋岸で見られるクラゲ。頂端に突起状に見えるのが気泡体で、その下に2列に並んだ泳鐘6個が幹を取り巻いている。これらの部分を合わせて泳鐘部といい、泳ぐための器官である。その下には餌を食べる個虫（栄養体）、生殖に関与する個虫（生殖体）などの集まった栄養部が続いている。栄養部で太い棒状に見えるのは感触体と呼ばれる部分で、栄養体など他の個虫を保護するように取り巻いている。体長は約4cm。

CNIDARIA HYDROZOA

アイオイクラゲ
Praya cymbiformis (Delle Chiaje)

撮影地／西伊豆・大瀬崎　大きさ／1.3cm
水深／1m

本州太平洋岸に見られ、2個の泳鐘(写真で透明な袋状に見えるもの)が長い幹の先端に互いに腹側を向き合わせて付いていることが特徴だ。和名のアイオイ(相生)は、このことに由来するそうだ。幹には多くの幹群が見られる。幹は長いもので3mにもなる。

幹を縮めたところ

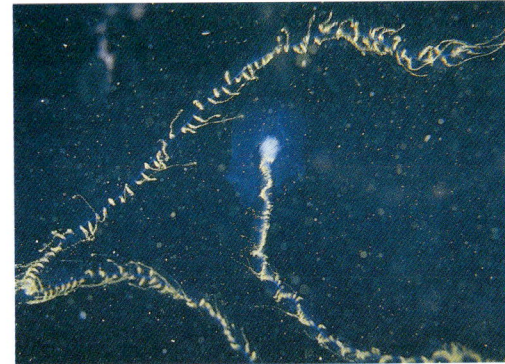

アイオイクラゲ科の仲間
Prayidae sp.

撮影地／西伊豆・大瀬崎　大きさ／5cm
水深／1.5m

泳鐘の間から幹が伸びていて、アイオイクラゲのように幹群がある。

CNIDARIA HYDROZOA

クラゲは狩人

　刺胞動物のクラゲは、刺胞という"毒針"を使って餌を捕まえる狩人です。この狩人が狙うのは動物プランクトン、コペポーダなどの甲殻類や魚卵、幼魚、ほかのクラゲ(!)などさまざまですが、特に小さな甲殻類が大好物のようです。刺胞毒の強い種では、触手に触れた小魚も一発で仕留めることができます。

　また、ミズクラゲなどの鉢クラゲ類は体から粘液を分泌し、海中に漂っているいろいろな粒子をからめ取って口に運んでいます。粒子は口に入る前に選別され、餌だけを食べるのです。残りの粘液は捨てられますが、からめられた粒子のために比重が重くなり、海底へと沈んでいきます。このため、濁りのもとである海中の粒子が海底に沈む速度が加速されることになり、結果としてミズクラゲがたくさんいる海域では水が透き通ってくるといわれています。

　また、タコクラゲなどのように共生藻を持つクラゲは、体内に共生する褐虫藻が光合成によってつくり出したエネルギーで生きていくことができます。狩人でもあり、ベジタリアンでもあるといえます。

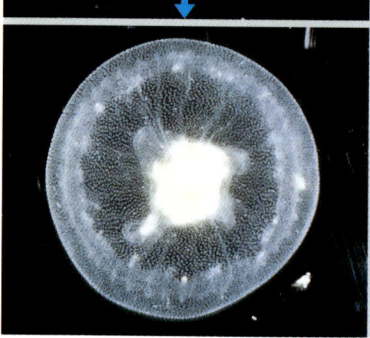

ミズクラゲの捕食
(上)餌としてブラインシュリンプを与えてみると……
(中)粘液を分泌して体に触れるものをからめ取り、餌と異物を選別して餌だけを口に運んでいく
(下)白い部分は満腹状態のミズクラゲの胃
写真　並河 洋

サカサクラゲのおちょぼ口
放射状に広がる8本の口腕の中心にある口は閉じ、その代わりに吸口と呼ばれる口腕にたくさんある小さな口から、小さな動物プランクトンを吸い込むように食べる

オワンクラゲの捕食
オワンクラゲは餌を捕まえた触手を手繰り寄せ、餌が傘の縁までくると口を伸ばして餌を受け取り、胃袋へと運ぶ

小魚を捕まえたカツオノエボシ
カツオノエボシは、ポリプの胃袋に入りきらない小魚もその強力な刺胞で捕らえてしまう。そして体外に消化液を分泌して、魚を消化しながら少しずつ吸い込んで食べてしまうのだ

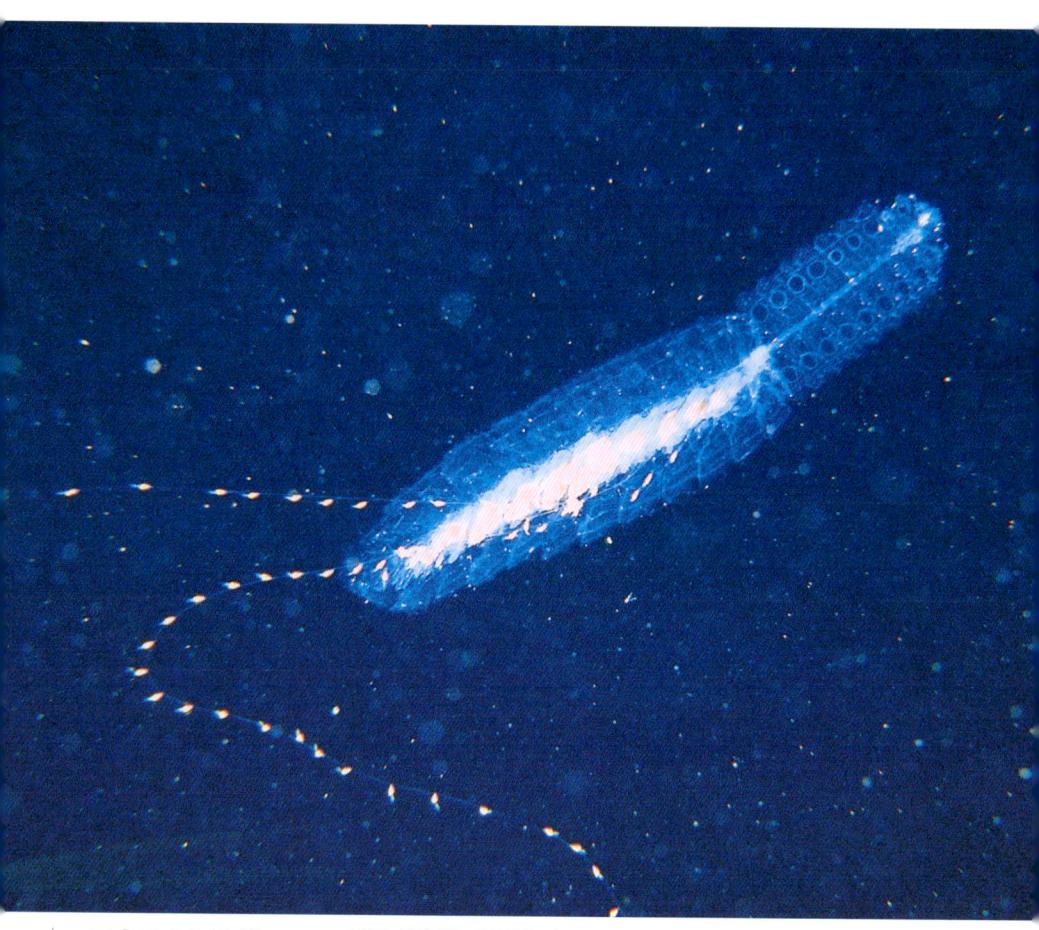

Siphonophora 管クラゲ目

コヨウラククラゲ	撮影地／神奈川県・真鶴半島　大きさ／8cm　水深／2m

Crystallomia rigidum Haeckel

ヨウラククラゲに似ているが、全長数cm程度と小さく、泳鐘などの数が少ない。このクラゲは泳鐘部が八角柱であることが特徴とされる。本州中部で見られることがある。

ヨウラククラゲ
Agalma okenii Eschscholtz

撮影地／東伊豆・城ケ崎
大きさ／10cm 水深／2m

細長い体は透明に見える泳鐘部と、それと同じくらいの長さでやや太い栄養部に分けられる。白と紅色の塊に見える部分は、それぞれ栄養部にある幹群の一部（栄養体や生殖体などの集まったところ）。また、それぞれの幹群からは触手が長く伸びていることがわかる。泳鐘部は2列に並んだ10個の泳鐘が互いに重なり合っているため、十二角柱となっている。本州太平洋沿岸で普通に見られる。これまでの最大記録は体長13cm。

西伊豆・大瀬崎で撮影された泳鐘

海中を漂う謎の物体？

この翼を広げたような不思議な物体は、何であろう。実は、単独で海中を漂っている泳鐘なのだ。このように、泳鐘がクラゲの体から離れていくことがしばしば観察される。この泳鐘は、*Erenna*属の種ものではないかと思われる。

•••Siphonophora 管クラゲ目

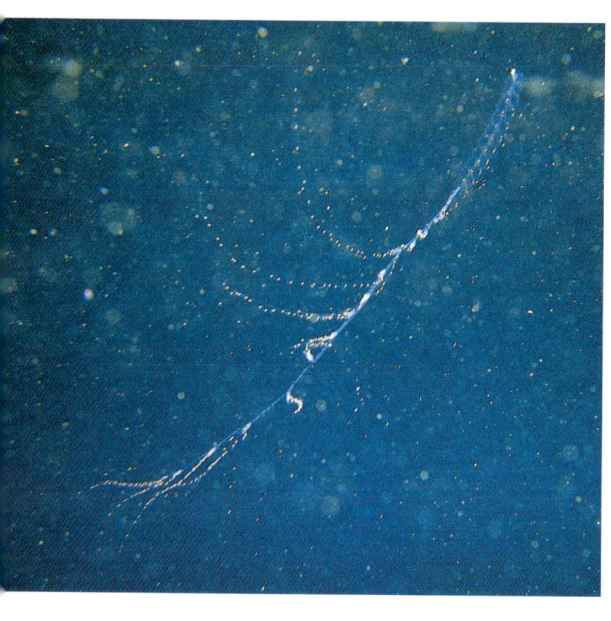

シダレザクラクラゲ
Nanomia bijuga (Delle Chiaje)

撮影地／西伊豆・大瀬崎　大きさ／15cm
水深／2m

ヨウラククラゲと同じヨウラククラゲ科に属する種だが、写真からわかるように全体に体は極めて細長い。2列になった泳鐘が10個以上見られ、その下には泳鐘部の数倍の長さになる栄養部がシダレザクラの枝のような姿形で続いている。本州中部以南の沿岸で見られる。

ナガヨウラククラゲ
Nanomia cara A. Agassiz

撮影地／熊本県・天草　大きさ／10cm
水深／5m

大きな個体では、長さ4.5cm程度の泳鐘部に20cmに達する栄養部が続いている。泳鐘部は2列に並んだ泳鐘がそれぞれ押しつぶされたような形をとり、全体としてつぶれた八角柱となっている。本州中部以南で見ることがある。

幹をアップで撮影したもの

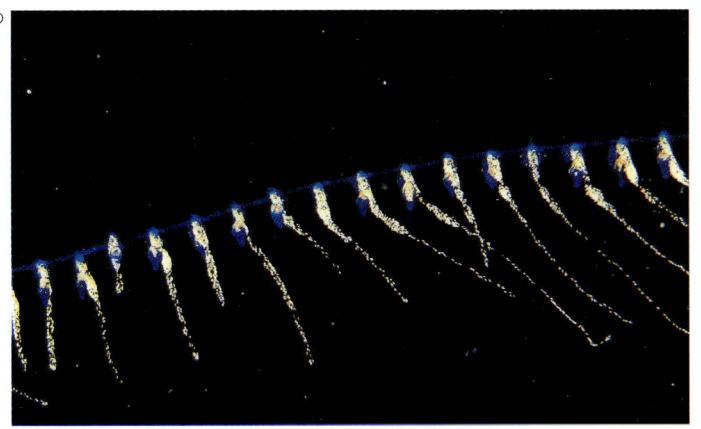

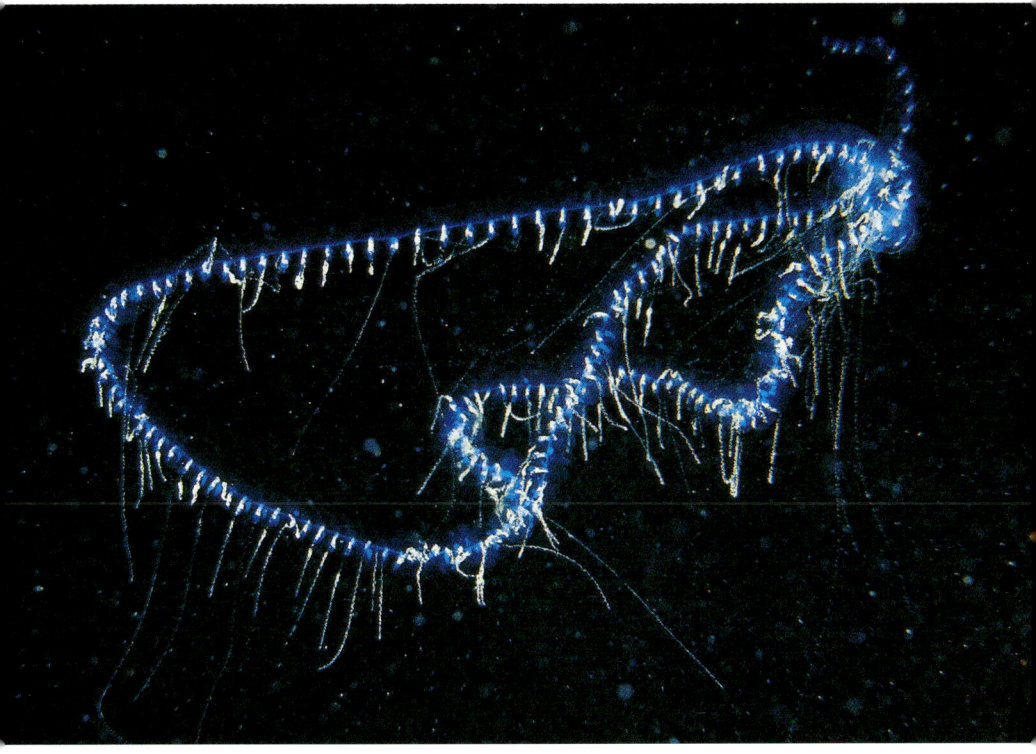

バテイクラゲ科の仲間
Polyphyidae sp.

撮影地／西伊豆・大瀬崎　大きさ／30cm　水深／7m

全体的に馬蹄形をした泳鐘部から非常に長い幹が伸びている。幹にはまばらに幹群が分布している。

•••Siphonophora 管クラゲ目

コボウズニラ
Rhizophysa filiformis Forskål

撮影地／西伊豆・大瀬崎　大きさ／30cm　水深／7m

本州中部以南で春に見られる。泳鐘を欠き、卵形をした高さ5mm程度の気泡体の下に非常に長い幹が伸び、その上には幹群がまばらに配置されている。写真では幹からたくさん伸びている触手がよくわかるが、この触手に触れると激烈な痛さをともなう。その痛みはカツオノエボシに匹敵するほどという。また、この仲間には気泡体が大きいボウズニラ（*Rhizophysa eysenhardii* Gegenbaur）という種がいる。

形が違うクローン

　ミズクラゲのポリプが無性的に分身を増やしていくことは、すでに紹介しました（●ミズクラゲの生活史 p.12、●もうひとつの姿——ポリプ p.82）。

　ミズクラゲのポリプを実験室で飼っていると不思議な現象が見られます。それは、同じポリプから無性的に生じた新しいポリプの中に、触手の数が違うものがいるのです。ミズクラゲのポリプの触手は、本来は16本です。しかし、無性的にできた新しいポリプの中には触手が10本から20本のものまでいるのです。

　さらに、同じポリプから出てきたエフィラを見ると、縁弁が本来の8枚ではなく、9枚だったり6枚だったり、はたまた3枚しかないものまで現れてきます。これらのエフィラに餌を与えて育てると、やがて生殖腺が5つや3つしかないクラゲに成長していきます。

　触手数の違うポリプも縁弁の数が違うエフィラも、同じ遺伝子を持っているクローンなのです。このような形の変化はなぜ起こるのでしょうか。

　遺伝子にある情報をもとに形は決められるわけですが、形を決める過程で何か変化が生じたのかもしれません。クローンとは単に無性的な生殖によって生じた遺伝子型を同じくする分身のことをいいますが、一般には「まったくのコピーで、何から何まで同じ」というイメージがあります。

　しかし、これまで見てきたように、ミズクラゲのポリプは遺伝子型が同じでも、何らかの影響や刺激で形が変わりうることを教えてくれます。

ミズクラゲのポリプ
ミズクラゲの浮遊幼生プラヌラが着底すると、写真のように16本の触手を持つポリプへと変化する。ポリプは無性生殖（分裂や出芽）で増えていくクローンで同じ遺伝子を持つはずなのだが、中には触手の数が16本ではないものがいる

ストロビラからエフィラへ
海中へと泳ぎ出すエフィラ。このエフィラも無性的に生まれたクローンたちだが、不思議なことに縁弁の数などに個体差が見られる

もうひとつの姿──ポリプ

鉢ポリプの場合

　クラゲといえば、フワフワと海中を漂っている浮遊生活者というイメージがありますが、一部の例外を除いて鉢虫類のクラゲは付着生活をするポリプの時期があります（●ミズクラゲの生活史 p.12）。そのまま鉢ポリプと呼ばれ、基本的にカップ状の部分とそれに続く柄部で構成され、柄部の末端で岩などに付着して生活しています。そして、イソギンチャクのようにカップの頂端には口が開き、その周囲を触手が取り囲んでいます。しかし、鉢ポリプはイソギンチャクのポリプに比べて体のつくりは簡単です。なお、鉢虫類の学名 Scyphozoa は「カップ状の動物」という意味で、これは鉢ポリプの形が酒杯のゴブレット（goblet）に似ていることに由来しています。

　さて、鉢ポリプは無性生殖によりポリプをつくります。ミズクラゲの場合は体が分裂して2つに分かれたり、体の一部が膨らんで新たなポリプをつくったりします。また、体から根を伸ばし、その途中や先端にポリプをつくることもあります。さらに、ポリプは柄部の組織を一部残して移動することがあり、その残った組織からもポリプがつくられます。なんとも、すさまじいばかりの繁殖力です。

　タコクラゲやサカサクラゲの場合は、ミズクラゲとは違った方法で無性生殖を行います。これらの種では、カップの下にできた小さな膨らみがラグビーボールのような形となり、やがてポリプから離れていきます。これは受精卵から発生したプラヌラ幼生に似ていることからプラヌラ様幼生とよばれます。プラヌラ様幼生は繊毛を使ってしばらく水中を泳いだあと、岩などに付着してポリプに姿を変えるのです。

　冠クラゲ類のイラモは、無性生殖でつくられたポリプがお互いにつながり合い、全体としてまとまった一つのユニットをつくりあげています。このポリプ同士が連結して一つのユニットをつくる体制を群体といいます。ヒドロ虫類やサンゴ類では、この群体という体制をとる種がたくさんいます。このように、鉢虫類はクラゲの形も多様ですが、鉢ポリプの無性生殖の方法も様々です。

写真上、右上　並河 洋

いろいろな鉢ポリプ
（写真上）無性生殖で増えるミズクラゲのポリプ
（写真右上）プラヌラ様幼生をつけたタコクラゲのポリプ
（写真右）イラモの群体

ヒドロポリプの場合

ヒドロ虫類のポリプ（ヒドロポリプ）は、鉢ポリプに比べて体のつくりは簡単ですが、その形は種によって様々です。大きさもカギノテクラゲのように1mm以下のものもあれば、オトヒメノハナガサ（深海性のヒドロ虫類）のように1mを超えるものもいます。多くの種類が無性生殖により群体をつくりますが、その形は芝生状だったり樹状だったりと多種多様です。

形やサイズが多様なだけではなく、ひとつの群体の中に役割が異なる、何タイプかのポリプを持つヒドロ虫類がいます。餌を食べる役割のポリプ（栄養ポリプ）や有性生殖に関わるポリプ（生殖ポリプ）、あるいは餌を捕まえたり防御の役割を担うポリプなどを持っているのです。

管クラゲ類の場合、群体の構成はさらに複雑です。管クラゲは同じ群体の中にポリプ形とクラゲ形を持っているのです。餌を捕えたり食べたりする部分（感触体、栄養体など）はポリプ形で、遊泳するための泳鐘や生殖体はクラゲ形なのです。

なお、カツオノカンムリやギンカクラゲは、これまで管クラゲ類に含まれていましたが、現在では花クラゲ類（無鞘類）に分類されます。この2種が花クラゲ類と同じタイプのクラゲを出して有性生殖を行うことが、その理由です。つまり、海で見かける姿は浮遊生活に特殊化したポリプの群体だということです。

ベニクダウミヒドラ
岩に張りめぐらされたヒドロ根から長いヒドロ茎が立ち上がり、その先端にヒドロ花をつけている

ハネウミヒドラ
ヒドロ茎が枝分かれをして樹状の群体をつくる

シロガヤ
枝分かれを繰り返し、鳥の羽のような群体をつくる

クラゲのシンプルライフ

ミズクラゲの眼点
同じ海にすむ魚や甲殻類に比べると、クラゲの体のつくりは非常に単純だが、クラゲがクラゲとして生きていくための機能と統制のとれたシステムを持っている

眼点

　クラゲの語源とされるもののひとつに、暗気（くらげ）という言葉があります。「クラゲには目がないから、さぞかし暗いであろう」という意味なのだそうです。

　確かにヒトの目に当たるようなものは見当たりませんが、実はクラゲには眼点と呼ばれる器官があります。もちろん、ヒトの目のように周囲の景色を眺めることはできません。しかし、微妙な光の明暗もキャッチすることができる優れものです。眼点は傘の周囲にある感覚器の中にあります。その隣には平衡器という地球の重力を感じ体の位置や姿勢を調整する器官もあり、情報をやり取りして体のバランスをコントロールしているのです。

　感覚器の側にある神経細胞は体に張りめぐらせた神経網に信号を送り、傘の筋肉を周期的に収縮させて開閉運動（パルセーション）をコントロールします。神経細胞はペースメーカーで、パルセーションを止めたり速めたりすることができるのです。カミクラゲが光に反応してポンポン跳ねるような動きをするのは、眼点でキャッチした光刺激がペースメーカーに伝わり、傘を急激に閉じるようにパルセーションがコントロールされるためです。

　ミズクラゲの場合、浮きも沈みもしないホバリング状態のときでもゆっくりと傘を開いたり閉じたりしています。ミズクラゲの体は水より比重が大きいため、パルセーションを止めると自然に沈んでしまうのです。雨が降ったりして塩分濃度が極端に低くなった環境をミズクラゲは嫌います。そんなとき、ミズクラゲはパルセーションを止めてしまいスーッと底の方に沈んでいきます。また、餌が豊富なところに来るとパルセーションを速め、傘の内側によりたくさんの餌を集めようとします。このように、ペースメーカーは光だけでなく、周囲の環境の様々な刺激をもとにクラゲの行動をコントロールしているのです。

　クラゲの祖先は10億年も昔に地球上に姿を現したと言われています。そのときから現在に至るまで、クラゲは脳や心臓など特殊化した器官を持つことはありませんでした。しかし、眼点や神経、胃腔や水管系など生きるために必要な機能は一通り持っています。シンプルではありますが、統制の取れたひとつのシステムをつくりあげているのです。

有櫛動物の仲間は「クラゲ」と名はつくが、
刺胞動物のクラゲとは体のつくりや生活の様子がまったく異なる動物たち。
日本近海からは20種ほど知られている。
櫛板と呼ばれる繊毛の集まった透明な板状のものを持つことで特徴づけられる。
櫛板は体の表面に8列あり、その繊毛の動きで海中を移動する。
触手を持つ種類でも刺胞動物に見られる刺胞は持たず、
その代わりに触手に分布する膠胞という粘着細胞を使って餌を捕まえる。
有櫛動物の中には、成長に伴って櫛板を失い着生生活をする種類もある。

有櫛動物門
CTENOPHORA

有触手綱
TENTACULATA

無触手綱
NUDA

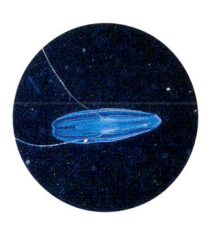

Cydippida フウセンクラゲ目

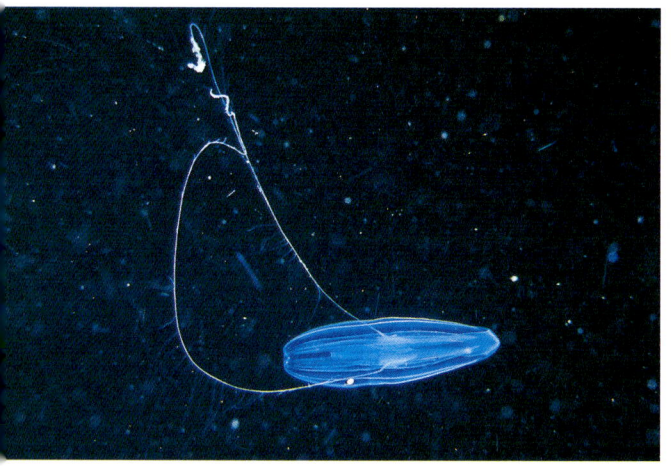

ヘンゲクラゲ
Lampea pancerina (Chun)

撮影地／神奈川県・真鶴半島
大きさ／4cm　水深／5m

体は円筒状であったり、写真のように細長い紡錘形であったりする。この写真では右端にスリット状の口が開き、2本の長い触手が体の中ほどから伸びている。有櫛動物では口から胃(漏斗という)まで口道という溝が続いているが、この種の口道は非常に長く体全体の6分の5に達する。この長い口道の下部が大きく広がるため、形が変化(へんげ)する。体長は4cm程度。

テマリクラゲ科の仲間
Pleurobrachiidae sp.

撮影地／神奈川県・葉山　大きさ／1.7cm　水深／1m

テマリクラゲに近い仲間と思われるが、詳細はわからない。やや尖ったほうが口端で、反口端近くから出ている触手に側枝と呼ばれる糸状のものが伸びていることがよくわかる。この個体は、体長1.7cmと小さい。

フウセンクラゲ
Hormiphora palmata Chun

撮影地／神奈川県・葉山
大きさ／4.5cm 水深／3m

日本近海で普通に見られる種類で、ヘンゲクラゲよりも丸みがある。触手はヘンゲクラゲよりも反口側から出ている。体長は大きいもので4.5cm程度になる。

トガリテマリクラゲ科の仲間
Mertensia ovum (Fabricius)

撮影地／北海道・羅臼 大きさ／6cm 水深／4m

これまで北極海にだけ生息するとされていた種類だが、撮影地である羅臼でも見ることができる。流氷とともに北の海からやってくる種類ではないかと考えられているが、まだよくわかっていない。鮮紅色の触手が美しい。寒い海でもダイビングができるようになり、この種類のように、これまで日本で知られていなかったクシクラゲの仲間が見つかるようになった。この個体の体長は6cmである。

CTENOPHORA TENTACULATA

•••• Lobata カブトクラゲ目

ツノクラゲ
Leucothea japonica Komai

撮影地／伊豆半島・城ケ崎　大きさ／7cm
水深／7m
撮影地／加計呂麻島(薩川湾)
大きさ／10cm　水深／10m

本州中部から南日本の太平洋沿岸で見られる体長20cmに達する大形の種類。体は非常にやわらかく、表面に角状の突起が多数散在していることがこの種の特徴である。

チョウクラゲ
Ocyropsis fusca (Rang)

撮影地／神奈川県・油壺　大きさ／6cm　水深／1m

カブトクラゲに比べて体が短く、袖状突起が大きい。袖状突起を開閉して活発に泳ぐ姿がチョウのように見えたのだろう。この種類は暖海にすみ、日本近海ではあまり見かけることがない。大きいもので約10cmとなる。

カブトクラゲ目 **Lobata**　オビクラゲ目 **Cestida**

アカホシカブトクラゲ
Bolinopsis rubripunctata Tokioka

撮影地／高知県・竜串海岸
大きさ／6cm　水深／1m

体は卵形であるが、口端付近の袖状に突出した部分（袖状突起）が広がって全体として兜（かぶと）のような形に見える。カブトクラゲに似るが、袖状突起の縁に沿って褐色（あるいは鮮紅色）の斑点があることで区別される。大きいもので6cmにもなる。

アカダマクラゲ
Eurhamphaea vexilligera Gegenbaur

撮影地／西伊豆・大瀬崎　大きさ／5cm　水深／2m

日本近海では珍しい種類で、写真のように櫛状に鮮紅色の点の列が見られることが特徴。この鮮紅色の点は、それぞれ櫛板と櫛板の間に配列された分泌腺であり、ここからヨードチンキに似た液を噴出するという。体長は5cm程度になる。

オビクラゲ
Cestum amphitrites Mertens

撮影地／神奈川県・葉山　大きさ／30cm　水深／2m

体が引き伸ばされて帯状になった種類で、大きなものでは1mを超える。その泳ぐ姿は美しく、地中海や大西洋にすむ種類は"Venus's girdle（ヴィーナスの飾り帯）"とも呼ばれている。帯状の中ほどに白い部分があるが、その下端に口が開いている。反口端側の縁に沿って櫛板が並んでいる。一方、口端側の縁には膠胞という粘着細胞を持つ小さな触手が並び、それで小さな甲殻類などを捕まえて食べる。南日本の太平洋岸で見ることができる。

CTENOPHORA TENTACULATA

Beroida ウリクラゲ目

ウリクラゲ
Beroe cucumis Fabricius

撮影地／西伊豆・大瀬崎　大きさ／6cm　水深／1m

日本近海で普通に見られる種類で、瓜形をしている。体に枝分かれした筋（枝管）を持つことが特徴である。体長15cmに達するものもいる。口は大きく、それを反転させて他のクシクラゲ類やサルパ類、あるいは小さな甲殻類を丸呑みして食べる。

アミガサクラゲ
Beroe forskali Milne-Edwards

撮影地／神奈川県・葉山　大きさ／5cm
水深／2m

ウリクラゲに似ているが反口端がより尖っていて、また体全体が扁平となっている。この種の枝管は枝分かれするだけでなく、網目状に連絡し合っていることでウリクラゲとは区別されている。体長は5cm程度になる。関東近海でまれに見ることができる種である。

CTENOPHORA NUDA

名前の古今東西

　クラゲは漢字で海月、水月、鏡虫、久良介などと表現されます。その中で海月と水月は、水に円く映る月影の揺らぎとミズクラゲの漂う姿を重ね合わせたものでしょう。英語でもミズクラゲはムーンジェリー(Moon jelly)といい、月をイメージしています。

　ところで、"くらげ"という名前はいつ頃から使われ始めたのでしょうか。『新編大言海』を紐解いてみると、「その語源は定かではないようだが、すでに古事記や倭名抄に出ている」といったことが書いてあります。特に、古事記の冒頭では、国造りのはじめの頃の混沌とした状態を"久羅下（くらげ）"が波間を漂う様子にたとえて表現されています。現在は"水母"と書いてクラゲと読みますが、これは中国から入ってきた言葉です。

　中国では、この水母(shuimu)という言葉に水の神という意味があります。一方、クラゲの学名はMedusa（メデューサ）です。これは、ギリシャ神話に登場する髪の毛がヘビでできている魔女の名に由来したものです。「メデューサの頭髪（目）を見ると石になる」という話は、まさにクラゲに刺されて身動きできない状態ではないですか！　地中海ならば毒の強いシーネットル（● クラゲ危険度ランキング p.41）がモデルなのかもしれませんね。

　メデューサはもともと大変美しい少女でしたが、女神アテーナーと美を競ったことが女神の怒りに触れ、恐ろしい怪物にされてしまったという話もあります。メデューサという名前には、美しいクラゲへの憧れとその毒への恐怖という背反する感情が込められているようです。

　このように洋の東西を問わず神話の世界と結びつけられているクラゲは、古くから人々にとって馴染み深い動物だったのです。

メデューサの首が描かれたモザイク（ローマ時代）　ローマ国立美術館蔵　　　　写真　WPS

果たしてクラゲは成体なのか？

ポリプはクラゲの幼生に非ず

動物の場合、一般に成長して有性生殖が可能となった時期を成体、受精卵から成体になる途中の成体と違った形や生活をしている時期を幼生(または幼虫)と呼びます。たとえば、トンボ(成体)とヤゴ(幼虫)の関係ですね。クラゲの場合はどうでしょう？

有櫛動物のクシクラゲ類は、一生遊泳生活を送ります。ただ、フウセンクラゲ型幼生という時期があり、この幼生を経て雌雄同体である成体の時期になるのです。

一方、ミズクラゲに代表される刺胞動物の鉢虫類にも、ポリプとクラゲという形や生活の様子の違う時期があります。しばしば「クラゲが成体で、ポリプはクラゲの幼生」と説明されています。クラゲがポリプよりも巨大で複雑な構造の体を持ち、体内に生殖巣を発達させて有性生殖を行うことがその理由です。しかし、この説明は間違いなのです。

本来、「卵から成体へ」という一連の流れの中で、幼生はすっかり姿を変えて成体になるものです。ところが、ポリプはクラゲを無性的に「つくる」のであり、しかも無性生殖で自分の分身を増やし続けます。つまり、鉢虫類には「卵→幼生→成体」という動物一般の常識をあてはめることができないのです。有性生殖をするクラゲの世代と無性生殖をするポリプの世代とを分けて考えると、ポリプの幼生は受精卵から発生したプラヌラであり、クラゲの幼生はポリプから離れたばかりのエフィラということになります(●ミズクラゲの生活史p.12)

有性生殖をする世代と無性生殖をする世代を持つ種がいるのは、刺胞動物に限りません。脊索動物のサルパ類にも無性世代(卵生個虫)と有性世代(芽生個虫)があり、この2つの世代は交代して現れるのです。ウミタルではこの世代の交代がさらに複雑です。

多様なヒドロ虫の生活史

ヒドロ虫類のクラゲ世代とポリプ世代の関

ミズクラゲのストロビラ
ミズクラゲのポリプから"クラゲの幼生"であるエフィラが遊離する。旗口クラゲ類には、ミズクラゲやアカクラゲなどのように一度にたくさんのエフィラをつくる種類がいる

タコクラゲのストロビラ
根口クラゲ類には、タコクラゲやイボクラゲ、サカサクラゲのようにエフィラを一度に1つしかつくらない種類が多い。一方、旗口クラゲ類であっても、アマクサクラゲはエフィラを1つしかつくらないことが知られている。何がエフィラの数を決めているのだろう？

係は、鉢虫類よりも複雑です。鉢虫類と同様に世代交代を行ってポリプからクラゲを出す種もいますが、中にはクラゲ世代しか持たない種がいるのです。たとえば外洋性のカラカサクラゲなどがそうで、プラヌラ幼生がポリプ時代を飛ばして直接クラゲになってしまうのです。

一方、クラゲ世代がない種もいて、その場合はポリプの上に生殖巣が直接生じて有性生殖を行います。また、ハネウミヒドラなどの場合は、非常に短命ですがクラゲを出します（このクラゲは餌を食べることができないのです）。このような種はクラゲを出す種と出さない種の中間的なものと考えられます。

管クラゲ類のようにクラゲとポリプの両方の特徴を備えた種は、さらに複雑なことになっています。この場合、泳鐘となったクラゲ形は遊泳するための役割だけを担い、有性生殖は幹部に生じたクラゲ形由来である生殖体という部分にゆだねられるのです。

オオタマウミヒドラ
ポリプ世代とクラゲ世代を持つヒドロ虫。ポリプの基部に見える丸いものがクラゲ芽。クラゲ芽はやがてクラゲへと成長し、ポリプから遊離する。餌を食べながらさらに成長したあと、生殖巣を発達させ有性生殖を行う

ハネウミヒドラ
ヒドロ花にはクラゲ芽がそれぞれ数個ついている。やがてクラゲ芽はクラゲに成長してヒドロ花から離れていくが、このクラゲには口がないので餌を取れない。ポリプから離れるとすぐに有性生殖を行う短命なクラゲ

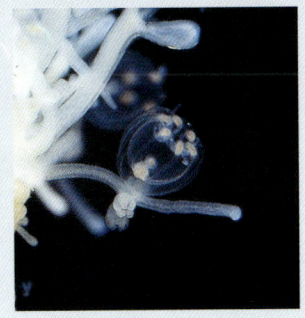

ニンギョウヒドラ
クラゲ芽は生殖ポリプ上で成長し、クラゲとなってポリプから離れていく。浮遊生活に入ったクラゲは餌を食べて成長し、生殖巣が成熟すると有性生殖を行う

ベニクダウミヒドラ
ベニクダウミヒドラの場合、生殖巣は簡単な袋状となりヒドロ花にとどまっている

サンゴはクラゲの親戚

　暖かな海にすむ色鮮やかなサンゴやイソギンチャクが海中を漂うクラゲたちと親戚だとはどうしても思えないかもしれません。しかし、いずれも同じ刺胞動物というグループに属しているのです。ミズクラゲのポリプがイソギンチャクの姿に似ていることからも親戚だということがわかります（●もうひとつの姿——ポリプ p.82）。

　鉢虫類は生殖のためにクラゲを出す方法を選び、サンゴやイソギンチャクはクラゲを出さずに生殖する方法を選んだ仲間なのです。

危険なイソギンチャク

　刺されると危険なのは、浮遊生活をしているクラゲだけではありません。イソギンチャクやサンゴなど、付着生活を営む刺胞動物にも危険な種類がいます。

　たとえば、ヒドロ虫綱のアナサンゴモドキ類に属する種は、そこに近づいただけで火傷を負ったような激痛が走るとされ、fire coral（炎のサンゴ）と恐れられています。有鞘類のシロガヤなど通称「カヤ」と呼ばれる種類も刺されると痛い。鉢虫綱ではイラモというエフィラクラゲ類のポリプに強い毒があります。

　花虫綱のイソギンチャク類では、奄美諸島から沖縄にかけて生息するウンバチイソギンチャク、沖縄のサンゴ礁の砂地にすむハナブサイソギンチャクがハブクラゲに匹敵するほど毒の強い種類です。そのほかカザリイソギンチャク、スナイソギンチャク、フトウデイソギンチャク、ウデナガウンバチ、ハタゴイソギンチャクなどが刺胞毒の強い種類として知られています。また、ムラサキハナギンチャクなどハナギンチャク類も刺胞毒は強い。

　海に行く場合、水中だけではなく、足元にも気をつけましょう。

（写真上）ハナバチミドリイシ
（写真中）スギノキミドリイシ
（写真下）コモチイソギンチャク

強力な刺胞毒を持つウンバチイソギンチャク

クラゲ——といえば体が透明で海の中をふわふわと漂っているというイメージ。
その印象が強すぎて、体が透明で海中を漂っている生きものは
すべて「クラゲだ！」と思ってしまうかもしれない。
しかし、「クラゲだ！」と思った透明な動物たちの中には、
実はクラゲとは「他人の空似」というものがたくさんいる。
ここでは、その代表格であるウミタルやサルパの仲間（尾索動物）、
ハダカゾウクラゲの仲間（軟体動物）を紹介する。

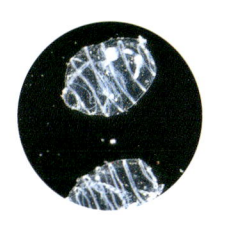

クラゲに似て
非なる生物

脊索動物門
CHORDATA

軟体動物門
MOLLUSCA

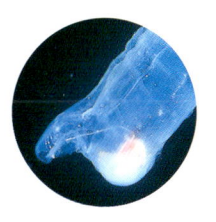

Thaliacea タリア綱

サルパって？ ウミタルって何？

サルパやウミタルの仲間は、スクーバダイビングの流行にともなって出会う機会の増えてきた動物たちです。タリア類に属しています。タリア類とは耳慣れない名前ですが、ホヤ類の親戚で尾索動物の仲間です。

尾索動物は胃腸などの消化器官や心臓、簡単な脳（脳節）まである複雑な体制の動物。分類上の大きなグループとしては脊索動物門の仲間に属します。脊索動物門は一生、あるいは一時期に脊索を持つ動物の仲間とされ、この中には脊椎動物（魚やカエル、ヘビ、鳥類、哺乳類など）も含まれているのです。つまり、サルパやウミタルなどの尾索動物はクラゲとは非常に遠い関係にあり、むしろ魚類などに近い動物ということができます。

脊索動物門
一生のうちに脊索を持つ時期のある動物たち

尾索動物亜門
- ホヤ綱
  幼生のとき尾部に脊索を持ち、成体は固着生活をおくる
  （▶ p.101参照）
- オタマボヤ綱
  一生、尾に脊索を持ち浮遊生活をおくる
- タリア綱
  ヒカリボヤ科
  （▶ p.102参照）
  ウミタル科
  （▶ p.101参照）
  サルパ科
  （▶ p.97〜100参照）

脊椎動物亜門
脊椎を持つ動物たち
- 魚類
- 両生類
- 爬虫類
- 鳥類
- 哺乳類

頭索動物亜門
一生、脊索を持つ
- ナメクジウオ

タリア類の泳ぎ方、食べ方

サルパやウミタルの仲間の体は筒状で、その両端に海水が出入りする孔（入水孔と出水孔）が開いています。

もうひとつ、すぐわかる特徴は樽をしっかりと締めている"たが"のように、体の外側を体壁筋と呼ばれる環状の筋肉が何本か取り巻いていることです。サルパやウミタルの仲間はこの体壁筋を使って泳いでいます。体壁筋の収縮・弛緩のポンピングによって生じる水を押し出す力を利用しているのです。

このように変わった泳ぎ方をするサルパやウミタルの仲間は、餌の取り方も不思議です。泳ぎながら海水中を漂う植物プランクトンを濾し取って食べるのです。体の内部には粘液のシートがあり、海水と一緒に体に入ってきた植物プランクトンを、うまい具合にこの粘液シートに粘着させ（濾し取り）ます。そして、その粘液シートごとベルトコンベヤー式に食道から胃へと運んで消化するのです。

クラゲたちが動物を捕まえて食べるのと比べ、タリアの仲間はベジタリアンといったところでしょうか。

複雑な生活史

サルパやウミタルの仲間の生活を見るとけっこう複雑です。受精卵から育った個体は"子ども"をつくらず、もっぱら無性生殖を行って自分の"分身"を増やします。分身によって増えた個体は、体内に卵巣と精巣とをつくり有性生殖を行うのです。受精卵から生じた個体を卵生個虫、卵生個虫から生じた分身を芽生個虫といいます。

卵や精子を持つ芽生個虫と分身をどんどんつくる卵生個虫とが交代して現れる、つまり世代交代をしています。これは、刺胞動物のクラゲ（有性世代）とポリプ（無性世代）の関係と似ていますね。

世代交代の仕方については、サルパとウミタルとで異なっています。ウミタルはより複雑な世代交代を行うのです。

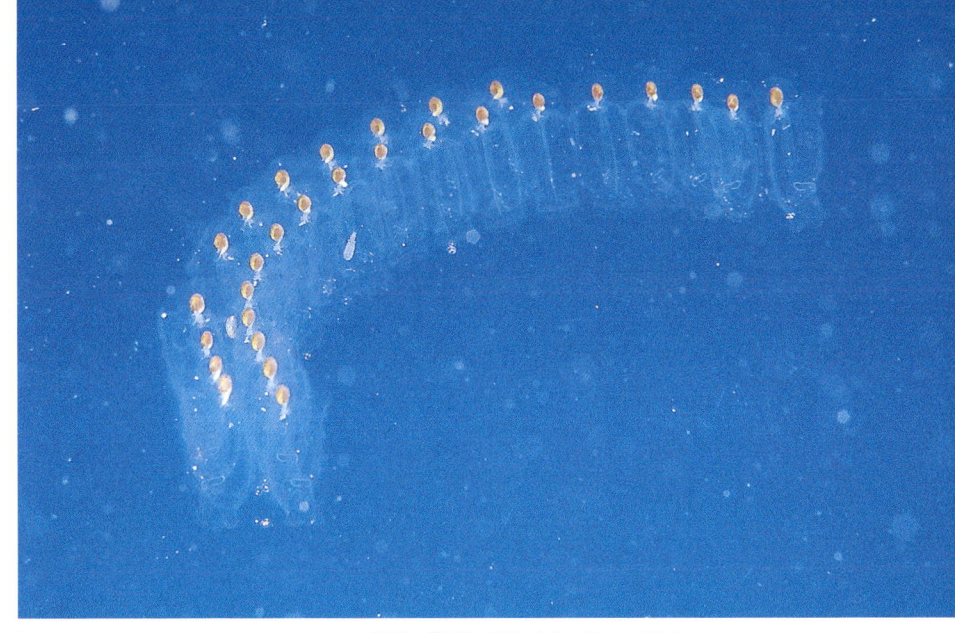

モモイロサルパ
Pegea confoederata (Forskål)

撮影地／熊本県・天草　大きさ／6cm　水深／4m

温暖な海にすむサルパ類で、オオサルパよりも小型の種類である。卵生個虫は4本ある体壁筋が2個ずつ交差し、それぞれX字状になっているのが特徴。大きさは卵生個虫で5cm程度、芽生個虫で7cm程度である。

トガリサルパ
Salpa fusiformis Cuvier

日本近海で普通に見られるサルパ類で、回遊魚の餌となる。芽生個虫の両端が尖っているのが特徴。卵生個虫の体から紐のように伸びているのは芽茎で、房状に見えるのが将来連鎖個虫となる。大きさは、卵生個虫で4〜5cm程度、芽生個虫で2〜5cm程度。

トガリサルパの卵生個虫
撮影地／西伊豆・大瀬崎　大きさ／5cm　水深／1m

トガリサルパの芽生個虫
撮影地／西伊豆・大瀬崎　大きさ／1cm　水深／2m

CHORDATA THALIACEA

Salpida サルパ目

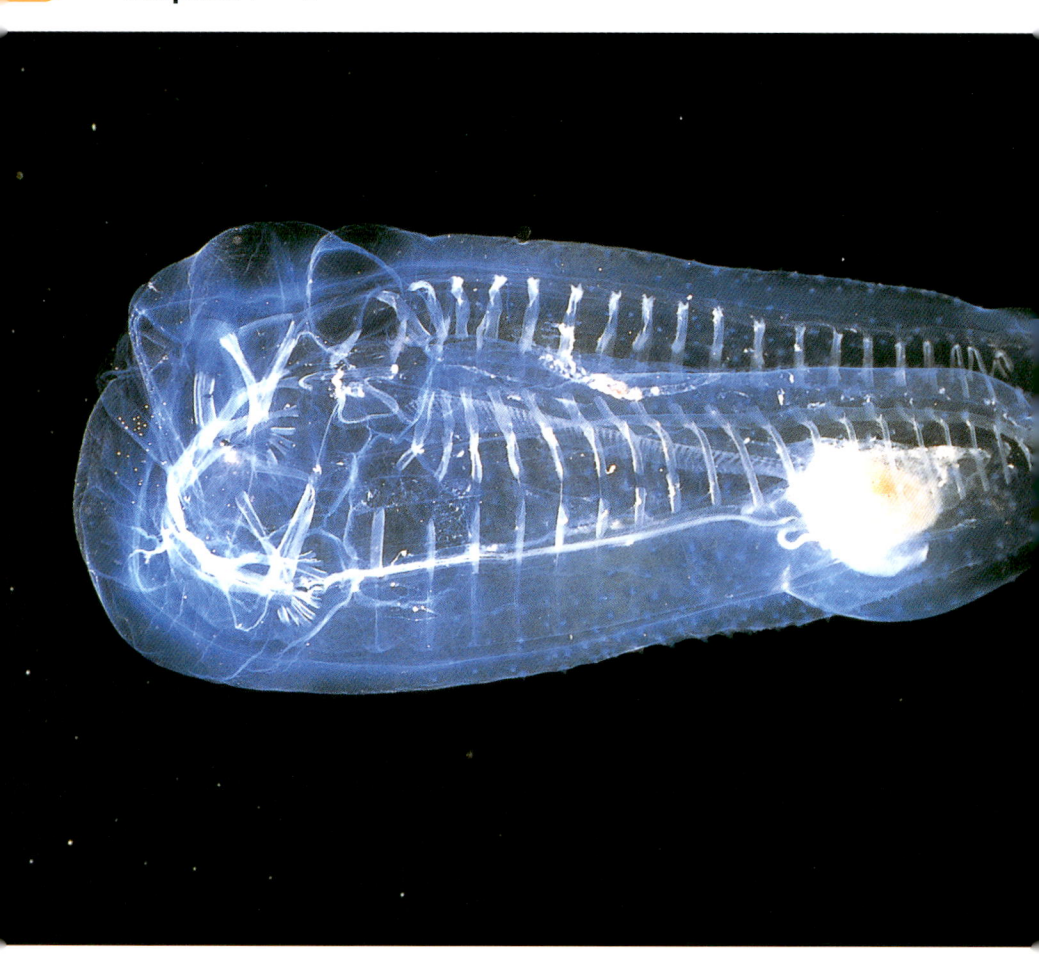

連鎖個虫（有性世代）
卵生個虫に見られるような尾状突起はない。それぞれ体の一部で規則正しくつながりあって、鎖状の一群を作り上げている。白く見えるのは胃腸。

世代交代

CHORDATA THALIACEA

オオサルパ
Thetys vagina (Tilesius)

(連鎖個虫)撮影地／西伊豆・大瀬崎　大きさ／50cm　水深／10m
(卵生個虫)撮影地／神奈川県・三浦半島　大きさ／8cm　水深／2m
世界中の温暖な海にすむ比較的大形のサルパ。卵生個虫、芽生個虫ともに、大きさは十数cm程度。

サルパの世代交代

　ここでは、サルパ類の世代交代の様子を紹介しましょう。

　この仲間では、受精卵は有性個体(つまり芽生個虫)の体内で卵生個虫へと育ちます。卵生個虫は、ただ親の体を借りて成長するのではなく、栄養補給を受けて育っていきます。

　成長した卵生個虫からは無性的に芽生個虫がつくられます。芽生個虫はたくさん連なって写真左下にあるような一群をつくります。これを連鎖個虫といいます。連鎖個虫は体の一部分で互いに連結し合い、情報をやり取りして共同行動をとるシステムをつくり上げます。

　ここに紹介したオオサルパは、しばしばダイバーに撮影され話題となることがあります。

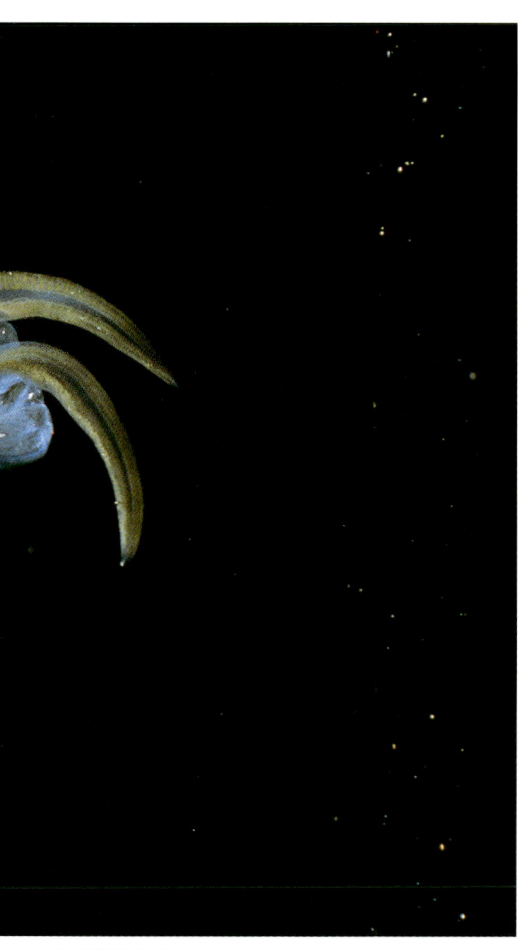

卵生個虫(無性世代)
一対の尻尾のようなもの(尾状突起)のあるほうが後ろである。その近くに見える白い塊が消化管で、この少し前に心臓がある。体全体に見られる横じまは体壁筋だ。また、体前方から消化管のほうに向かって斜めに伸びている櫛の歯状のものは鰓(えら)。

CHORDATA THALIACEA

Salpida サルパ目

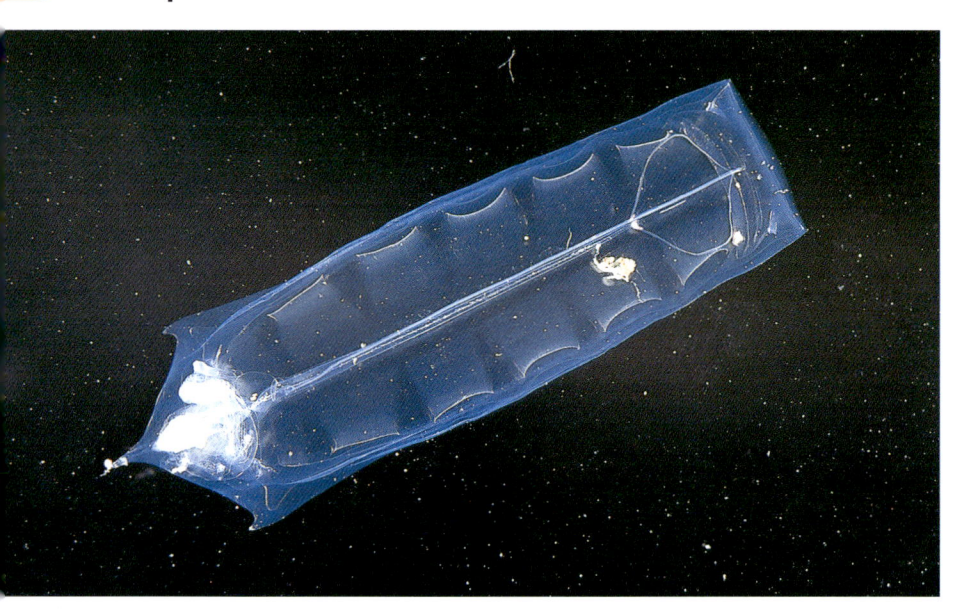

フトスジサルパ
Iasis zonaris (Pallas)

撮影地／西伊豆・大瀬崎　大きさ／3cm　水深／2m

世界の温水域に広く出現し、日本近海でも黒潮流域で見ることができる。写真は卵生個虫。一見、管クラゲ類の仲間にも見えるが、体はこちらのほうが10倍程度も大きく、帯状の体壁筋があることで十分区別できる。卵生個虫は2〜5cm程度で、芽生個虫は2〜3cm程度の大きさ。

フタオサルパ
Cyclosalpa bakeri Ritter

撮影地／北海道・羅臼
大きさ／3cm　水深／3m

太平洋の熱帯海域に出現する。写真は芽生個虫で、体の後側に突起が2本ある。右の突起は消化器官の一部で、左の突起には精巣がある。卵生個虫は最大4cm程度、芽生個虫は2cm程度の大きさである。

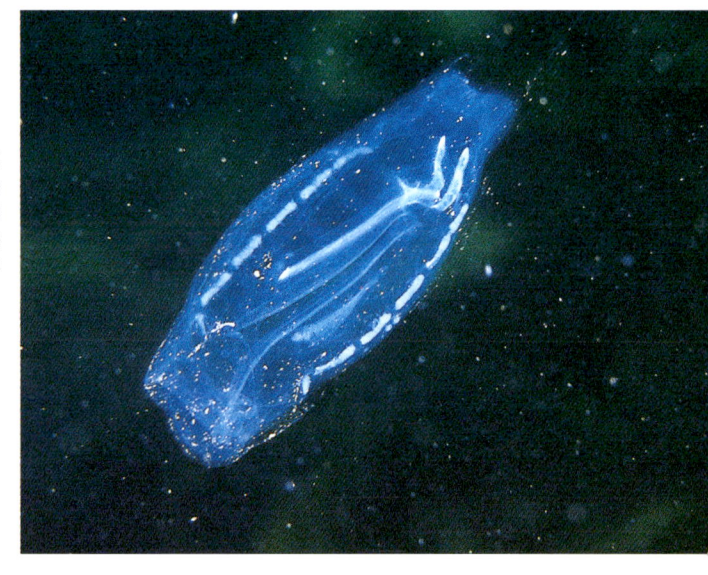

CHORDATA THALIACEA

ウミタル目 Doliolida

ウミタルの仲間

　温暖な海域に出現する動物です。日本近海で見られるウミタルの仲間には、ウミタル *Doliolum denticulatum* Quoy and Gaimard とトリトンウミタル *Dolioletta tritonis* (Herdman) などがいます。体長は数mm程度〜十数mm程度と小さく肉眼で観察するのは少々きびしいでしょう。

　ウミタルの仲間は、受精卵から有性生殖をする個体になるまで、3種類の個虫（卵生個虫→育体→生殖体）を経るという複雑な世代交代を行います。

撮影地／神奈川県・葉山　大きさ／2cm　水深／0.3m

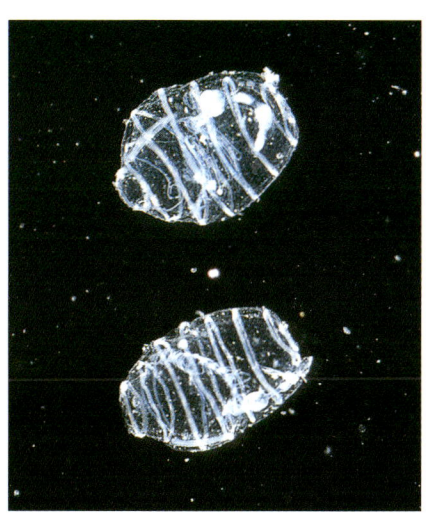

撮影地／神奈川県・江ノ島　大きさ／0.5cm　水深／1m

ホヤ類とは？

　食用にされるマボヤをご存じの方は多いでしょう。その形から"海のパイナップル"と称され、東北地方では養殖もされています。

　このマボヤを含む動物の仲間をホヤ類といいます。マボヤのことを"ホヤガイ"ということもありますが、貝の仲間ではありません。サルパやウミタルと同じ尾索動物に属しています。サルパ類が一生プランクトン生活をするのに対して、ホヤ類は幼生の時期を除き、一生付着生活をおくります。

　動くことのできないホヤの仲間は、もっぱらかご状の鰓に生えている繊毛の動きで水流を起こし、入水孔から海水を取り込み粘液シートで海水からプランクトンを濾し取って食べています。

　ホヤ類には、マボヤのように単独で生活しているもののほか、個虫がつながりあって群体として生活しているものもいます。

これがマボヤ。食用となるのは中身で、刺身や酢の物がポピュラー

CHORDATA THALIACEA

Pyrosomata ヒカリボヤ亜綱

撮影地／東伊豆・城ケ崎　大きさ／20cm　水深／10m

ヒカリボヤの仲間

　タリア類には、体全体が光ることで名づけられたヒカリボヤの仲間も含まれています。
　ヒカリボヤの仲間は、常に個虫が連なって群体をつくって生活しています。受精卵から発生した卵生個虫は、芽生個虫の体内で育ちながら自分の分身（芽生個虫）をつくります。しばらくして小さな群体となったヒカリボヤは芽生個虫から外に出て、さらに分身をつくり続け、大きな群体へと成長していきます。
　日本近海においてはヒカリボヤ*Pyrosoma atlanticum atlanticum* Péron（写真）とナガヒカリボヤ*Pyrostremma spinosum*（Herdman）が見られます。その群体の長さはヒカリボヤで20cm程度、ナガヒカリボヤで50cm程度まで伸張します。ナガヒカリボヤは、稀に10mを超える群体をつくることもあるようです。このような巨大な光る物体に海中で出会ったらびっくりしてしまうことでしょう。

ヒカリボヤの体のつくり

　群体を構成する芽生個虫は、それぞれ群体の外側に入水孔を向け、群体の内側（共同排出腔）に出水孔を向けて規則正しく並んでいます。入水孔から取り入れた海水が鰓裂を通過するときに粘液シートでプランクトンを濾し取って食べます。個虫の体内を通った海水は、共同排出腔で合流し、群体後端の開口部から群体の外に出されます。
　ヒカリボヤは、この水の流れを推進力として利用し、ゆっくりと海中を移動しています。

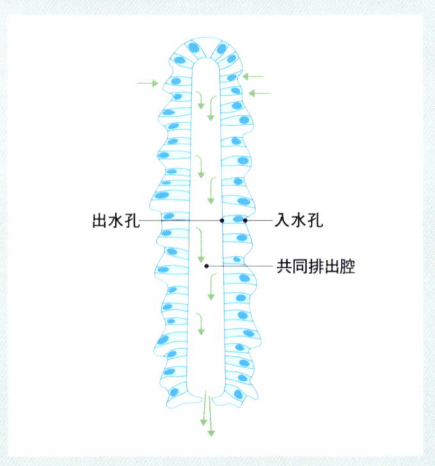

出水孔　　入水孔
共同排出腔

102　CHORDATA THALIACEA

異足目 **Heteropoda**

ハダカゾウクラゲ
Pterotrachea coronata Niebuhr

撮影地／神奈川県・葉山海岸　大きさ／20cm
水深／3m

黒潮流域に分布している。体は細長い円筒形をして、ゾウの鼻のように伸びた吻と尾びれのような後部を持っている。写真はオスの個体。体長は15cm程度。

クラゲという名前

　クラゲとは本来は刺胞動物と有櫛動物に属している動物です。しかし、刺胞動物や有櫛動物でもないのに、名前の一部にクラゲとつく動物がいます。"クラゲ"が名前の一部に含まれている動物には、生きていくなかでクラゲと何らかの関係があるものと、その姿形からクラゲを連想させるものに分けられるでしょう。生態的にクラゲと関係のあるものとしては、クラゲに寄生するクラゲエボシやクラゲノミなどがいます。

　ここで紹介しているのはクラゲをイメージさせる動物の代表、ハダカゾウクラゲの仲間です。貝類やイカ・タコと同じ軟体動物門に属している巻貝の仲間ですが、見てのとおり半透明でやわらかい体を持ち、クラゲと同様に浮遊生活をしています。

　このほか、"クラゲ"とつく別の動物には、形や泳ぎ方までクラゲにそっくりなクラゲダコ、体が柔らかいクラゲイカ、寒天質でできた体で海中を浮遊する様子がクラゲに似ているクラゲナマコなどがいます。

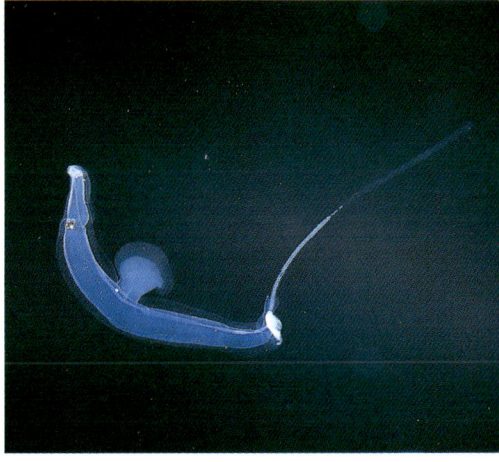

シリキレヒメゾウクラゲ
Firoloida desmaresti Lesueur

撮影地／西伊豆・大瀬崎　大きさ／3cm　水深／0.5m

黒潮海域で普通に出現する。ハダカゾウクラゲが持っている尾部はない。写真はメスの個体で、オスにはハダカゾウクラゲにはない長い頭部触角がある。この個体は卵の入った寒天状のひもをひいている。

MOLLUSCA GASTROPODA

クラゲ学研究雑記帖

学名という「名前」

生物には世界共通の「名前」として、学名（scientific name）がつけられています。たとえば、ミズクラゲの種の学名は*Aurelia aurita*で、属名の*Aurelia*と種小名の*aurita*の2語で表されています。これは二語名法といい、スウェーデンの生物学者・リンネ（1707〜1778年）がそれまでの学名のつけ方を整理するために考え出したものです。現在も基本的には二語名法に従って種の学名がつけられています。

ところで、学名は一度つけられたからといって不変ではありません。ミズクラゲはリンネによって1758年に新種として発表された種ですが、このときは*Medusa aurita*という学名でした。属名が現在の*Aurelia*と違いますね。リンネはキタユウレイクラゲ（*Cyanea capillata*）など、ほかのクラゲ類もすべて*Medusa*属にまとめていたのです。その後、分類学的な研究が進み、ミズクラゲは*Aurelia*属、キタユウレイクラゲは*Cyanea*属へと再分類されました。

現在、ミズクラゲは*Aurelia aurita*（Linné 1758）と表記されます。"Linné 1758"の部分は、"リンネが1758年にミズクラゲを新種として発表した"ことを示しています。また、それらが括弧に入っているのは、後年に属名が変わったことを示す約束事です。

学名に関する約束事はほかにもたくさんあり、国際動物命名規約として出版されています。現在は第4版で、日本語版もあります（2000年夏出版予定）。動物の分類学に携わる研究者にとって座右の書なのです。

さて、学名にはラテン語やラテン語化した言葉が使われます。日本で最初に新種として発表されたカミクラゲ（*Spirocodon saltator*）は、跳躍を意味するラテン語（saltat）が種小名の由来で、スナイロクラゲ（*Rhopilema asamushi*）の種小名*asamushi*は採集場所の青森県の浅虫に由来します。

エチゼンクラゲ（*Stomolophus nomurai*）の種小名*nomurai*は、当時エチゼンクラゲの採集などに協力した野村貫一氏（福井県水産試験場初代場長）に由来するものです。人名に由来する場合、「名前を捧げる（献名）」といいます。研究に協力した人以外に、クラゲの研究に功績のあった学者に名前を捧げることも多いようです。学名の由来を探ってみるのも、おもしろいかもしれませんね。

クラゲ研究事始め

1818年、ティレシウスはロシアの学術雑誌にカミクラゲを新種として報告しました。これが日本のクラゲ学についての研究事始めです。日本で最初に学名のつけられたクラゲが、日本特産のカミクラゲだったというのはなんとも興味深い話です。

ティレシウスは1804年にロシア軍艦に乗って長崎にやってきた博物学者です。長崎港でカミクラゲを採集し、帰国後に研究したのです。そのあとも、日本に来航する外国船には必ずといってよいほど博物学者や博物学の素養のある乗組員が乗船し、日本近海で調査を行ったようです。ペリーの黒船も日本の動植物を調査していました。大航海時代から続く、欧米諸国の自然史研究の伝統を感じます。

明治時代になると、近代国家を目指す政府によって、ドイツからヒルゲントルフやデーデルラインらの博物学者が東京大学医学部のお雇い教師として招かれ、日本の海洋生物研究に多大な貢献をするようになります。特にデーデルラインは相模湾、その中でも三浦半島先端の三崎の海が稀少動物の宝庫であることを世界に初めて紹介した学者です。

デーデルラインの研究に刺激を受け、海外から

続々と研究者が来日しました。デーデルラインの弟子にあたるドフラインもその1人です。ドフラインは、特に相模湾において精力的に生物を採集し、膨大な標本をドイツ本国に持ち帰りました。このドフラインコレクションの中でクラゲを担当したのがマースで、その成果はドフラインが刊行した『東亜博物学への寄与』で発表しています。

一方、デーデルラインの研究が発端となって、三崎に日本で最初の臨海実験所（東京大学）が誕生することになりました。そこでは海産動物についての自然史研究が盛んに行われ、動物学の発展につながる様々な業績が生み出されてきました。

この臨海実験所で活躍した若き研究者の中には、ハナガサクラゲを記載した五島清太郎博士やエチゼンクラゲ、ビゼンクラゲ、エビクラゲやキタカミクラゲなどを新種として報告した岸上鎌吉博士がいます。五島博士は日本で寄生虫学を起こし、岸上博士は日本における水産学の基礎をつくった先駆者でもあります。また、岸上博士と同期で、進化論を日本に紹介したことで有名な丘浅次郎博士もジュウモンジクラゲを新種として報告しています。なお、丘博士の研究後、ジュウモンジクラゲの属名は$Kishinouyea$に変更となりましたが、これは採集者である岸上博士を記念してつけられたものです。

その後、内田亨博士が鉢虫類やヒドロ虫類のクラゲを研究し、日本各地から多くの種類を報告しました。また、川村多實二博士は複雑な構造をもつ管クラゲ類について詳細に観察し研究をまとめ上げました。

また、丘浅次郎博士に学んだ駒井卓博士は、国立遺伝学研究所の基礎を築いた世界的に著名な遺伝学者ですが、実はクシクラゲ類の分類の大家でもありました。昭和天皇が相模湾で採集された、非常に珍しいコトクラゲの研究を行ったのも駒井博士なのです。

謎多きクラゲたち

その後の研究でさらに多くの種が報告されましたが、まだまだ多くの謎が残っています。カミクラゲのポリプは未だに見つかっていませんし、クラゲとポリプの関係がわかっていない種もたくさんあります。ビゼンクラゲとスナイロクラゲのように、同種という可能性が指摘されている種もあります。

こうしたクラゲの分類上の問題は、今後ひとつひとつていねいに解決していかなければならないものばかりです。そのためには、それぞれの種について形態や発生、生活史などの特徴を正確に記載し、理解を深めなければなりません。その上に立って、種の特徴を比較して識別するとともに、それぞれのクラゲの分類上の位置を決定することになります。

そのためには、ほかのいろいろな動物についての知識を持ち、最新の研究動向にも敏感でなければなりません。さらに、研究者の集まる学会に参加し、分類学について議論することも必要です。新たな視点を得ることができるからです。分類学とは積極的な交流を必要とするダイナミックな研究分野なのです。そして、分類学を基礎として生態学や遺伝学、分子生物学など様々な研究が発展していくのです。

クラゲの採集

クラゲのことを正確に記載するためには、研究室でじっくりとクラゲを観察し、研究する必要があります。そのためには、クラゲを採集しなければなりません。

採集方法は種類によって幾分か異なります。ミズクラゲやタコクラゲなどは比較的傷みにくいの

で、目の細かいたも網を使って採集することができます。アカクラゲやアンドンクラゲなど触手の長いクラゲは、たも網を使うと触手が網目にからまって切れてしまうので、大きめの柄杓か熱帯魚店などで売っているナイロンメッシュの網を使って採集します。ナイロンメッシュの網や柄杓は、大形のヒドロ虫のクラゲを採集するときにも有効です。クシクラゲ類など繊細で壊れやすいクラゲを採集するときは、柄杓を使って水と一緒に静かにすくいます。網や柄杓の柄の長さが足りないときは、長く伸ばせる磯釣用のしっかりとした釣竿などの先につけて使います。

ヒドロ虫類の小さなクラゲは、プランクトンネットをゆっくりと曳いて集めます。岸から採集できないところでは、船を出して採集することになります。

採集したクラゲはいったん海水を満たしたバケツにそっと移し、クラゲの傘に気泡が入っていたら、それを抜きます。そして、バケツの中にタッパーウエアなど密閉性のよい容器を入れ、その中にクラゲを誘い込み、空気が入らないように水の中でフタをします。容器内に空気が残っていると、輸送中の振動で海水が撹拌されて気泡がクラゲの傘に入ってしまうからです。クシクラゲ類の場合、特に体が壊れやすいので注意が必要です。

容器はクーラーなどに入れ、保温して持ち帰ります。このとき、クーラーの中が極端な高温や低温にならないように注意しましょう。特に、タコクラゲなど暖海性の種は保冷剤で冷やしすぎないようにしましょう。

また、密封性のよい容器がなくても、ビニール袋にクラゲを入れて持ち帰ることも可能です。このときも、空気が入らないように口を絞ってゴムでしばることが必要です。ビニール袋を何重にしておくと破れに対応できるでしょう。プランクトンネットで採集した場合は、そのままポリ容器に移し、保温して持ち帰ります。触手の長いクラゲは同じ容器に入れておくと触手がからまってしまうので、別々の容器に入れて持ち帰ります。

野外採集にあたっては、「いつ、どこで、何を」採集したのか記録しておきます。写真を撮っておくのもよいことです。そのほか、水温や塩分濃度、天候や採集場所の環境、ほかにどのような生物がいたかなども記録しておくと、あとから非常に役立ちます。

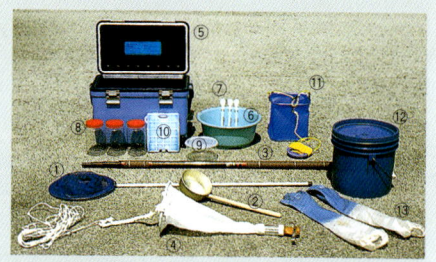

クラゲの採集道具 ①たも網 ②柄杓 ③釣竿 ④プランクトンネット ⑤クーラー ⑥洗面器(たらい) ⑦ピペット ⑧ポリエチレン製ビン ⑨タッパーウエア ⑩保冷剤 ⑪水くみバケツ ⑫バケツ ⑬ビニール手ぶくろ

プラヌラ幼生の採取

鉢クラゲ類の場合、クラゲからプラヌラ幼生をとって持ち帰ることも可能です。ミズクラゲのメスは、保育嚢にプラヌラがぎっしり詰まっていると白色（または薄茶色）に見えます（▷ミズクラゲのオスとメスp.11）。

まず、採集したメスのミズクラゲを洗面器などの浅い容器に口腕側を上に向けて移します。口腕基部の保育嚢をじっくり観察して、白くなっているところをピペットなどで吸い上げます。生活史を調べるのが目的ならば少量でいいでしょう。それをポリエチレン製ビンなどの容器に移し、海水を満たして持ち帰ります。異なる個体の幼生が混じり合うのを防ぐため、ピペットはプラヌラを採取するクラゲの数だけ用意します。

ミズクラゲのプラヌラを
採取しているところ

プラヌラを採取したクラゲは、標本にする必要がなければ、写真撮影後に海へ戻します。

クラゲを扱うときの注意点

やむをえない場合を除き、クラゲを素手で触ってはいけません。刺されないためという理由もありますが、"クラゲが火傷しないため"でもあります。水温20℃前後の海にすんでいるクラゲの体を、体温36℃もある手で触るというのは、クラゲの表面の組織を熱で傷めてしまうことになるのです。これについては、私も恩師から教えていただきました。

毒の強いアンドンクラゲなどを扱うときは、写真にあるような長い手袋を使うと、刺される危険もなく安心して作業ができます。そして、いかなる場合でも、必要以上にクラゲを採らないことはいうまでもありません。

標本をつくる

クラゲの形についてじっくりと研究する場合、標本にして保存します。体が十分に伸びた状態で標本を作るため、まず麻酔をかけます。体が縮んでしまうと十分に調べることができない場合があるのです。時間はかかりますが、メントールを使うと簡単です。クラゲを海水とともに容器に入れ、そこにメントールの結晶小片を1〜2個落とします。

十分に麻酔が効き、触っても触手を縮めないことを確かめたら、5〜10％の海水ホルマリンで固定します。その後、新しい5〜10％の海水ホルマリンに移して保存します。長く保存するためには、密閉性の高いガラスビンが容器として適しています。

ホルマリン濃度は鉢クラゲなど寒天質の多いものは高く、クシクラゲやヒドロ虫のクラゲのように脆弱なものは低く抑えます。DNAを抽出するのではない限りアルコールでは保存しません。アルコールに入れると体が溶けてしまい、原形をとどめないからです。

また、標本と一緒に「いつ、どこで、誰が採集したか」といったデータを記したラベルを必ず入れます。耐久性を考えると、和紙に墨で書いたラベルが一番です。また、耐水紙に鉛筆またはカーボン量の多い製図用のインクで書いたラベルでも大丈夫です。「いつ、どこで採れたか」という情報は、研究用標本を保存していく上で重要なことです。

クラゲの標本を長期にわたって保存していくのは難しいことですが、東京大学総合研究博物館の

東京大学総合研究博物館に保存されているイボクラゲとハナガサクラゲの液浸標本。イボクラゲは1902（明治35）年、ハナガサクラゲは1903（明治36）年に採集されたもの

標本庫には、約100年前に三浦半島の三崎で採集されたハナガサクラゲやイボクラゲの標本が大切に保存されています。

標本と博物館

明治時代、デーデルラインが日本で収集した標本は、フランス北部のストラスブールやドイツのベルリン、ミュンヘンの博物館の標本室などで大切に保存されています。また、ヒルゲンドルフやドフラインなどが日本で採集した海産動物の標本

も良好な状態で保存されています。これらは、100年以上前の豊かな日本の海を示す標本たちです。

そして、これらの貴重な標本は、ほかの標本とともに幾多の戦禍の中、守り通されてきたものばかりです。しかも、一般市民の活動に支えられてです。つまり、ナチュラルヒストリーの伝統の上に、「標本は貴重な財産である」ということを一般市民も十分に理解しているのです。このことは、標本を守る金庫として、設備の整った自然史博物館が各地に必ずあることにも表れています。

標本の価値と自然史博物館の役割を十分に理解している国は、それだけ自然に関する貴重な情報を持つことができます。そして、その歴史ある情報が土台となり、様々な研究が発展していくのです。

クラゲを飼育する

クラゲの動きをじっくり観察したいときには、水槽で飼育するのもよいでしょう。簡単な濾過装置をつけた40ℓの水槽でも、傘の直径8cm程度のミズクラゲやタコクラゲを半年以上飼育することができましたので、そのときの方法を参考までに紹介します。

なお、ミズクラゲとタコクラゲを同じ水槽で飼育すると、タコクラゲがすぐに弱ってしまうので別々に飼育しました。

飼育水には人工海水、餌には市販のブラインシュリンプの卵を孵化させて、その幼生を使いました。水温は25℃前後です。照明は観賞魚用の蛍光灯を使いますが、タコクラゲなど褐虫藻が共生するクラゲの場合は藻類培養用の蛍光灯も併用します。

クラゲを長く飼育するために注意しなければならないことは次の3つです。

①クラゲが濾過装置に吸い込まれないように、飼育エリアと濾過エリアを小さな穴の開いたプラスチック板で仕切ること。

②クラゲの傘に気泡が入ると傘が破れてしまうので、飼育エリアに出した水の噴出口から泡を出さないこと。

③水の汚れを少なくするために、餌を与えるときはクラゲを別の容器に移すこと。

また、クラゲは粘液を出すため、どうしても飼育水の粘性が高くなります。そこで、粘性が高くなってきたらクラゲを別の容器に移している間に3分の1ほど飼育水を交換します。交換の目安は濾過装置から出てくる水がネバネバして泡立つようになったときです。

ミズクラゲのポリプを飼育する

採取したプラヌラ幼生からポリプをつくり、飼育することができます。

プラヌラ幼生をガラス容器に移すと、しばらく活発に泳ぎ回りますが、そのうち容器の底に着生してポリプになります。中には水面に着生してポリプになる幼生もあります。

ポリプが触手を伸ばして餌を捕えるようになったら、ブラインシュリンプを与えます。餌を与えて数時間後、飼育水はすっかり交換します。餌を与え続けると、ポリプは無性生殖を行い、どんどん増えていきます。

水温は20〜25℃に保ちます。なお、同じ遺伝子を持つポリプを増やす場合は、着生したポリプを1つだけ残し、残りは取り除いてしまいます。容器から取り除いた他のポリプは、別の容器に移し着生するのを待って餌を与えて飼育することができます。

ポリプを飼育していると、やがて容器に藻類が生えてきますので、先を削った割箸でこすり取りましょう。藻類の繁殖がひどくなったりポリプが増えすぎたときは、新しい容器にポリプを移植します。株分けです。

ポリプからエフィラを出す

ミズクラゲのポリプは、水温が15℃に下がるとクラゲをつくる準備を始めます。これは柿沼好子先生が明らかにしたことで、現在は水族館などでも利用されている方法です。その後、ポリプはストロビラとなり、やがてエフィラが離れていきます。温度を下げてからエフィラができるまで3週間から1カ月程度かかります。

泳ぎ出したエフィラはポリビンなどで飼育します。そのとき、ガラスチューブなどでアエレーションを行い、水の流れをつくります。エフィラが成長し、傘の直径が1cm程度になったら水槽に移して飼育を続けます。

水槽の組み立て

飼育エリアと濾過エリアが、2：1程度の割合となるように仕切り板をセッティングします。仕切り板が濾過装置に近づきすぎると、吸い込み力でクラゲが仕切り板に張りついてしまいますので注意してください。

仕切り板は水槽の幅よりも大きなものを用意し、少し湾曲させてセッティングします。仕切り板に切り込みを入れ、パイプを通し飼育エリアに水の噴出口を出します。

クラゲに餌を与える

餌を与えるときは、お玉などを利用してガラスボールなどに移します。小さなクラゲの場合は、先を切って口を大きくしたプラスチックのピペットなどを使って移します。餌はなるべくクラゲの傘の下にそっと与えます。

餌にはブラインシュリンプを使います。ブラインシュリンプの卵を海水（3％程度の食塩水でも可）に入れ、20時間ほどアエレーションすると幼生が孵化します。多めに孵化させてしまったときは、冷蔵庫に入れて保存しておきましょう。2〜3日は持ちます。

クラゲはデリケートな動物ですが、ていねいに飼育するとある程度育てることができます。チャレンジしてみてはいかがでしょうか。

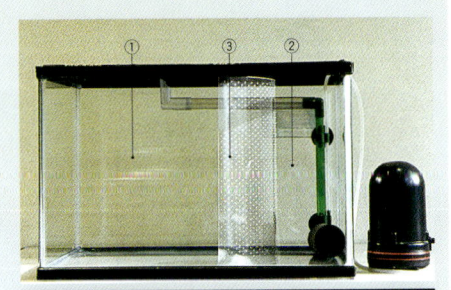

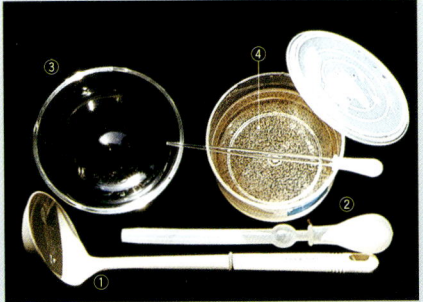

(上)穴開きプラスチックで飼育エリアと濾過エリアに仕切る
　①飼育エリア　②濾過エリア　③仕切り板
(中)餌を与える道具
　①お玉　②スポイト　③ガラスボール
　④孵化させたブラインシュリンプ
(下)クラゲをお玉ですくってボールに移し、スポイトで静かにブラインシュリンプを与える

p.106〜109の写真　並河 洋

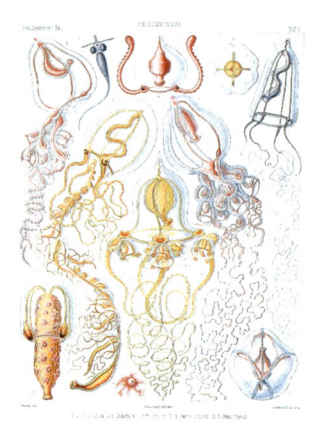

「個体発生は系統発生を繰り返す」という言葉で有名なヘッケル（E. H. Haeckel）は、1879年に『System der Medusen（クラゲの体系）』をまとめ、その中には美しいクラゲの絵が載せられている。

GLOSSARY 用語解説

あ

えんべん★縁弁：鉢クラゲ類において、傘の縁に見られる決まった数のくびれによって互いに離れた花弁のような部分。キタユウレイクラゲでは顕著である。

えいしょう★泳鐘：管クラゲ類において、群体の頂端にあり、泳ぐために特殊化したクラゲ形。水管や縁膜は見られるが口柄を欠いている。

えいようたい★栄養体：管クラゲ類において、餌を食べるための役割を持つところ。これに対して、有性生殖に関係するクラゲ形や子嚢（退化的なクラゲ形）が集まっているところを生殖体という。

えんまく★縁膜：ヒドロ虫類のクラゲだけが持つもので、傘縁の内側にある薄いドーナツ状になった膜。

か

がくぶ★萼部：十文字クラゲ類において、クラゲ形の傘に相当する部分。一方、ポリプ形に相当する部分を柄部という。

かっちゅうそう★褐虫藻：プランクトン生活をするとともに、サンゴやクラゲなど様々な動物の体内で生活する藻類。宿主となる動物には、褐虫藻が光合成によって生産したエネルギーに頼って生きているものが多い。

かさ★傘：刺胞動物のクラゲの体の主要な部分で、椀形を基本とする。クラゲは傘を開閉させて泳ぐ。

がせいこちゅう★芽性個虫：無性的な出芽によって生じた個虫。これに対し有性生殖により受精卵から発生した個虫を卵生個虫という。

かんぐん★幹群：管クラゲ類において、泳鐘や生殖体、感触体、触手などは一つのユニットをなしている。このユニットを幹群といい、管状の幹部の上に一定の間隔をおいて連なっている。

かんしょくたい★感触体：管クラゲ類において、餌を捕まえたり敵からの防御のために特殊化した個虫。

がんてん★眼点：刺胞動物のクラゲにおいて、光の明暗を感受するための器官。

きほうたい★気胞体：管クラゲ類において、中にガスを満たした浮き袋。

ぐんたい★群体：無性生殖によって生じた新しい個体（個虫）が、互いに連結して栄養のやりとりなど有機的な関係を築いた集合体。

こうへい★口柄：刺胞動物（特にヒドロ虫）のクラゲにおいて、傘の頂端からぶら下がっているところ。先端に口が開き、基部付近には胃腔がある。

こうわん★口腕：鉢虫類のクラゲの傘から長く伸びたところ。口の四隅が変形したものといわれている。旗口クラゲ類で4本、根口クラゲ類で8本。根口クラゲでは変形が著しく、口腕上にたくさんの吸口と呼ばれる小さな口を持つ。

こちゅう★個虫：群体を構成する個体のこと。群体の中で、餌を食べたり有性生殖に関与したりと役割分担をする場合がある。

さ

しほう★刺胞：刺胞動物に特徴的なもので、餌を捕まえたり敵からの防御に使われる毒液の入った小さなカプセル。

すいかんけい★水管系：胃腔で消化された栄養分を体全体に送ったりするための管。傘に分布するものを放射管、傘縁を環状に取り巻いているものを環状管という。

せいしょくせん★生殖腺：生殖巣ともいう。卵または精子を生産する器官。

せきさく★脊索：脊索動物において、一生あるいは一時期に存在する、体の前から後に向かって神経管のすぐ下を走る棒状の支持器官。

ま

むせいせいしょく★無性生殖：受精によらず、出芽や分裂などで増殖すること。

や

ゆうせいせいしょく★有性生殖：性が分化している生物において、両性の配偶子（たとえば卵と精子）が合体して生殖をすること。

Index to Japanese Names 和名索引

ア
- アイオイクラゲ……………73
- アイオイクラゲ科の仲間……73
- アカクラゲ…………………17
- アカダマクラゲ……………89
- アカホシカブトクラゲ……89
- アマクサクラゲ……………20
- アミガサクラゲ……………90
- アンドンクラゲ………38〜39
- イボクラゲ…………………25
- ウミタルの仲間……………101
- ウラシマクラゲ……………48
- ウリクラゲ…………………90
- エイレネクラゲ……………57
- エダアシクラゲ……………52
- エダクダクラゲ……………62
- エチゼンクラゲ……………28
- エビクラゲ…………………24
- エボシクラゲ………………50
- オオサルパ………………98〜99
- オキクラゲ…………………19
- オビクラゲ…………………89
- オワンクラゲ………………54

カ
- カギノテクラゲ……………61
- カツオノエボシ…………68〜69
- カツオノカンムリ…………53
- カミクラゲ…………………46
- カラカサクラゲ……………64
- キタカミクラゲ……………47
- キタミズクラゲ……………14
- キタユウレイクラゲ………15
- ギヤマンクラゲ……………56
- ギンカクラゲ………………53

サ
- サカサクラゲ………………30
- ササキクラゲ………………34
- サラクラゲ…………………55
- サルシアモドキ……………48
- シダレザクラクラゲ………78
- シャンデリアクラゲの仲間…34
- ジュウモンジクラゲ………34
- ジュズクラゲの仲間………52
- シラスジアサガオクラゲ……35
- シリキレヒメゾウクラゲ……103
- スナイロクラゲ……………26

タ
- タコクラゲ…………………22
- タマゴフタツクラゲモドキ…71
- チョウクラゲ………………88
- ツヅミクラゲ………………65
- ツノクラゲ…………………88
- ツリガネクラゲ……………64
- テマリクラゲ科の仲間……86
- トウロウクラゲ……………72
- トガリサルパ………………97
- トガリテマリクラゲ科の仲間…87

ナ
- ナガヨウラククラゲ………78
- ニチリンクラゲ科の仲間……65

ハ
- ハコクラゲ科の仲間………70
- ハコクラゲモドキ…………71
- ハダカゾウクラゲ…………103
- バテイクラゲ科の仲間……79
- ハナアカリクラゲ…………50
- ハナガサクラゲ……………59
- ハナクラゲモドキ…………56
- ハブクラゲ…………………40
- バレンクラゲ………………72
- ヒガサクラゲ………………35
- ヒカリボヤ…………………102
- ビゼンクラゲ………………27
- ヒトエクラゲ………………57
- ヒトモシクラゲ……………55
- フウセンクラゲ……………87
- フサウミコップ……………58
- フタオサルパ………………100
- フタツクラゲモドキ………70
- フトスジサルパ……………100
- ヘンゲクラゲ………………86

マ
- マミズクラゲ………………60
- ミズクラゲ…………………10
- ムシクラゲ…………………35
- ムラサキクラゲ……………23
- モモイロサルパ……………97

ヤ
- ヤジロベエクラゲ…………65
- ヤナギクラゲ………………18
- ユウレイクラゲ……………16
- ヨウラククラゲ……………77

- コボウズニラ………………80
- コモチカギノテクラゲ……60
- コヨウラククラゲ…………76

Index to Scientific Names 学名索引

A
Abylidae sp. 70
Abylopsis tetragona (Otto) 71
Aegina rosea Eschscholtz 65
Aequorea coerulescens (Brandt) ... 54
Aequorea macrodactyla (Brandt)
.... 55
Agalma okenii Eschscholtz 77
Aglantha digitale (Müller) 64
Aurelia aurita (Linné) 10
Aurelia limbata (Brandt) 14

B
Bassia bassensis (Quoy and Gaimard)
.... 72
Beroe cucumis Fabricius 90
Beroe forskali Milne-Edwards ... 90
Bolinopsis rubripuctata Tokioka
.... 89

C
Carybdea rastoni Haacke 38-39
Cassiopea ornata Haeckel 30
Cephea cephea (Forskål) 25
Cestum amphitrites Mertens 89
Chiropsalmus quadrigatus Haeckel
.... 40
Chrysaora helvola Brandt 18
Chrysaora melanaster Brandt 17
Cladonema pacificum Naumov ... 52
Clytia languida (A. Agassiz) 58
Craspedacusta sowerbyi Lankester
.... 60
Crystallomia rigidum Haeckel ... 76
Cyanea capillata (Linné) 15
Cyanea nozakii Kishinouye 16
Cyclosalpa bakeri Ritter 100

D
Diphyes chamissonis Huxley 71
Diphyes dispar Chamisso and Eysenhardt 70
Dipurena sp. 52
Doliolidae sp. 101

E
Eirene menoni Kramp 57
Euphysa japonica (Maas) 48
Eurhamphaea vexilligera Gegenbaur
.... 89

F
Firoloida desmaresti Lesueur ... 103

G
Gonionema vertens A. Agassiz ... 61

H
Haliclystus borealis Uchida 35
Haliclystus stejnegeri Kishinouye
.... 35
Hormiphora palmata Chun 87

I
Iasis zonaris (Pallas) 100

K
Kishinouyea nagatensis (Oka) 34

L
Lampea pancerina (Chun) 86
Leuckartiara octona (Fleming) ... 50
Leucothea japonica Komai 88
Liriope tetraphylla (Chamisso and Eysenhardt) 64

M
Manania uchidai (Naumov) 34
Mastigias papua (Lesson) 22
Melicertum octocostatum (M.Sars)
.... 56
Mertensia ovum (Fabricius) 87

N
Nanomia bijuga (Delle Chiaje) ... 78
Nanomia cara A. Agassiz 78
Netrostoma setouchiana (Kishinouye) 24

O
Ocyropsis fusca (Rang) 88
Olindias formosa (Goto) 59

P
Pandea conica (Quoy and Gaimard)
.... 50
Pegea confoederata (Forskål) 97
Pelagia noctiluca (Forskål) 19
Phialella fragilis (Uchida) 57
Physalia physalis (Linné) 68-69
Physophora hydrostatica Forskål
.... 72

Pleurobrachiidae sp. 86
Polyorchis karafutoensis Kishinouye
.... 47
Polyphyidae sp. 79
Porpita pacifica Lesson 53
Praya cymbiformis (Delle Chiaje)
.... 73
Prayidae sp. 73
Proboscidactyla flavicirrata Brandt
.... 62
Pterotrachea coronata Niebuhr ... 103
Pyrosoma atlanticum atlanticum Péron
.... 102

R
Rhizophysa filiformis Forskål 80
Rhopilema asamushi Uchida 26
Rhopilema esculenta Kishinouye
.... 27

S
Salpa fusiformis Cuvier 97
Sanderia malayensis Goette 20
Sasakiella cruciformis Okubo 34
Scolionema suvaense (A. Agassiz and Mayer) 60
Solmarisidae sp. 65
Solmundella bitentaculata (Quay and Gaimard) 65
Spirocodon saltator (Tilesius) 46
Staurophora mertensi Brandt 55
Stenoscyphus inabai (Kishinouye)
.... 35
Stomolophus nomurai (Kishinouye)
.... 28

T
Thetys vagina (Tilesius) 98-99
Thysanostoma thysanura Haeckel
.... 23
Tima formosa L. Agassiz 56

U
Urashimea globosa Kishinouye
.... 48

V
Velella velella (Linné) 53

日本産クラゲリスト

日本で見られるクラゲおよびクラゲを出す主な種のリストです。
クラゲを出す種の中には、日本でクラゲが確認されていないものも含まれています。

CNIDARIA 刺胞動物門

| HYDROZOA ヒドロ虫綱 |

ANTHOMEDUSAE 花クラゲ目
Corymorphidae オオウミヒドラ科
Corymorpha carnea (Clark)　オオウミヒドラ
Corymorpha sagaminea Hirohito　サガミオオウミヒドラ
Corymorpha tomoensis Ikeda　トモオオウミヒドラ
Euphysa aurata Forbes　カタアシクラゲモドキ
Euphysa japonica (Maas)　サルシアモドキ
Euphysora bigelowi Maas　カタアシクラゲ
Gotoea typica Uchida　ゴトウカタアシクラゲ
Vannuccia forbesii (Mayer)　バヌチィークラゲ
Tubulariidae　クダウミヒドラ科
Ectopleura dumortieri (van Beneden)　ソトエリクラゲ
Ectopleura minerva Mayer　クダウミヒドラモドキ
Ectopleura sacculifera Kramp　フクロソトエリクラゲ
Hybocodon atentaculata Uchida
Hybocodon prolifer L. Agassiz　ヒトツアシクラゲ
Margelopsidae　ハシゴクラゲ科
Climacocodon ikarii Uchida　ハシゴクラゲ
Corynidae　タマウミヒドラ科
Dipurena ophigaster Haeckel　ジュズクラゲ
Dipurena sp.
Sarsia japonica (Nagao)　ニホンサルシア
Sarsia nipponica Uchida　ヤマトサルシアクラゲ
Sarsia polyocellata Uchida　イツツメサルシアクラゲ
Sarsia princeps (Haeckel)　オオサルシアクラゲ
Sarsia tubulosa (M. Sars)　サルシアクラゲ
Sphaerocoryne multitentaculata (Warren)　カイメンウミヒドラ
Cladonematidae　エダアシクラゲ科
Cladonema pacificum Naumov　エダアシクラゲ
Cladonema radiatum Dujardin
Staurocladia acuminata (Edmondson)　ハイクラゲ
Staurocladia vallentini (Browne)　ミウラハイクラゲ
Hydrocorynidae　オオタマウミヒドラ科
Hydrocoryne miurensis Stechow　オオタマウミヒドラ
Asyncorynidae　ジュズノテウミヒドラ科
Asyncoryne ryniensis Warren　ジュズノテウミヒドラ
Zancleidae　スズフリクラゲ科
Ctenaria ctenophora Haeckel　クシクラゲモドキ
Pteroclava krempfi (Billard)　タマウミヒドラモドキ
Zanclea prolifera Uchida and Sugiura　スズフリクラゲ
Zancleopsidae　フチコブクラゲ科
Zancleopsis gotoi (Uchida)　フチコブクラゲ
Clavidae　クラバ科

Oceania armata Kölliker　ベニクラゲモドキ
Turritopsis nutricula McCrady　ベニクラゲ
Bougainvilliidae　エダクラゲ科
Balella mirabilis (Nutting)　キダチクラバ
Bougainvillia bitentaculata Uchida　エダクラゲ
Bougainvillia fulva A. Agassiz and Mayer
Bougainvillia ramosa (Van Beneden)　ナミエダクラゲ
Bougainvillia superciliaris L. Agassiz　キタエダクラゲ
Nemopsis dofleini Maas　ドフラインクラゲ
Rathkeidae　シミコクラゲ科
Rathkea octopunctata (M. Sars)　シミコクラゲ
Australomedusidae
Octorathkea onoi Uchida
Pandeidae　エボシクラゲ科
Amphinema physophorum (Uchida)　コブツリアイクラゲ
Amphinema rugosum (Mayer)　ツリアイクラゲ
Amphinema turrida (Mayer)
Catablema multicirrata Kishinouye　ユウシデクラゲ
Halitholus pauper Hartlaub　ズキンクラゲ
Halitiara formosa Fewkes　コエボシクラゲ
Hydrichthys pacificus Miyashita　サカナヤドリヒドラ
Leuckartiara brevicornis (Murbach and Shearer)
Leuckartiara octona (Fleming)　エボシクラゲ
Leuckartiara hoepplii (Hsu)　カザリクラゲ
Neoturris papua (Lesson)
Pandea conica (Quoy and Gaimard)　ハナアカリクラゲ
Pandeopsis ikarii (Uchida)
Stomotoca pterophylla Haeckel　オオツリアイクラゲ
Urashimea globosa Kishinouye　ウラシマクラゲ
Cytaeidae　タマクラゲ科
Cytaeis imperialis Uchida　エノシマタマクラゲ
Cytaeis nuda Rees　ナガニシタマクラゲ
Cytaeis tetrastyla Eschscholtz
Cytaeis uchidae Rees　タマクラゲ
Hydractiniidae　ウミヒドラ科
Podocorella minoi (Alcock)　サカナウミヒドラ
Podocoryna hayamaensis (Hirohito)　ハヤマコツブクラゲ
Podocoryna minima (Trinci)　コツブクラゲ
Ptilocodiidae　ウミエラヒドラ科
Thecocodium quadratum (Werner)
Calycopsidae　スグリクラゲ科
Meator rubatra Bigelow　クズダマクラゲ
Polyorchidae　キタカミクラゲ科
Polyorchis karafutoensis Kishinouye　キタカミクラゲ
Spirocodon saltator (Tilesius)　カミクラゲ
Moerisiidae　モエリシア科

Moerisia horii (T. Uchida and S. Uchida)　ヒルムシロヒドラ
Porpitidae　ギンカクラゲ科
Velella velella (Linné)　カツオノカンムリ
Porpita pacifica Lesson　ギンカクラゲ
LEPTOMEDUSAE　軟クラゲ目
Haleciidae　小ソガヤ科
Campalecium cirratum (Haeckel)　クラゲホソガヤ
Campanulariidae　ウミサカズキガヤ科
Clytia delicatula (Thornely)　ヒメウミコップ
Clytia discoida (Mayer)　コザラクラゲ
Clytia gigantea (Hincks)　マルバウミコップ
Clytia gracilis (M. Sars)　ホソウミダウミコップ
Clytia languida (A. Agassiz)　フサウミコップ
Clytia linearia (Thornely)　エダウミコップ
Clytia multiannulata Hirohito　クルワウミコップ
Clytia obliqua (Clark)　ナナメバウミコップ
Clytia paulensis (Vanhöffen)　フタエウミコップ
Clytia raridentata (Alder)
Clytia serrulata (Bale)　オーストラリアウミコップ
Obelia bicuspidata Clarke　フタエキザミ
Obelia chinensis Marktanner-Turneretscher　シナオベリア
Obelia dichotoma (Linné)　ヤセオベリア
Obelia geniculata (Linné)　エダフトオベリア
Obelia oxidentata Stechow　トガリバオベリア
Obelia plana (M. Sars)　ヒラタオベリア
Tiarannidae　サガミクラゲ科
Modeeria sagamina (Uchida)　サガミクラゲ
Modeeria rotunda (Quoy and Gaimard)　コヤネヒメコップ
Lafoeidae　キセルガヤ科
Hebella brochi (Hadzi)　ブロックコップガヤ
Hebella calcarata (A. Agassiz)　ヘンゲコップガヤ
Hebella corrugata (Thornely)
Hebella dyssymetra Billard　マガリコップガヤ
Anthohebella parasitica (Ciamician)　コップガヤ
Aequoreidae　オワンクラゲ科
Aequorea coerulescens (Brandt)　オワンクラゲ
Aequorea macrodactyla (Brandt)　ヒトモシクラゲ
Eirenidae　マツバクラゲ科
Eirene hexanemalis (Goette)　マツバクラゲ
Eirene menoni Kramp　エイレネクラゲ
Eirene lacteoides Kubota and Horita　コブエイレネクラゲ
Eutima japonica Uchida　コノハクラゲ
Eutonina indicans (Romanes)　シロクラゲ
Eugymnanthea japonica Kubota　カイヤドリヒドラクラゲ
Tima formosa L. Agassiz　ギヤマンクラゲ
Eucheilotidae　コモチクラゲ科

Eucheilota paradoxica Mayer　コモチクラゲ
Eucheilota tropica Kramp
Lovenellidae
Lovenella assimilis (Browne)
Lovenella corrugata Thornely　シワヒメコップ
Cirrholoveniidae　マキヒゲクラゲ科
Cirrholovenia tetranema Kramp　マキヒゲクラゲ
Phialellidae　ヒトエクラゲ科
Phialella fragilis (Uchida)　ヒトエクラゲ
Sugiuridae
Sugiura chengshanense (Ling)　ヤクチクラゲ
Dipleurosomatidae
Dipleurosoma typicum Boeck
Melicertidae　ハナクラゲモドキ科
Melicertum octocostatum (M. Sars)　ハナクラゲモドキ
Laodiceidae　ヤワラクラゲ科
Laodicea undulata (Forbes and Goodsir)　ヤワラクラゲ
Staurodiscus gotoi (Uchida)　ゴトウクラゲ
Staurophora mertensi Brandt　サラクラゲ
Mitrocomidae　クロメクラゲ科
Tiaropsis multicirrata (M. Sars)　カミクロメクラゲ
Tiaropsidium roseum (A. Agassiz and Mayer)　クロメクラゲ
Tiaropsidium japonicum Kramp
LIMNOMEDUSAE　淡水クラゲ目
Proboscidactylidae　エダクダクラゲ科
Proboscidactyla abyssicola Uchida　シンカイエダクダクラゲ
Proboscidactyla flavicirrata Brandt　エダクダクラゲ
Proboscidactyla ornata (McCrady)　ミサキコモチクラゲ
Proboscidactyla pacifica (Maas)
Proboscidactyla stellata (Forbes)
Olindiasidae　ハナガサクラゲ科
Astrohydra japonica Hashimoto　ユメノクラゲ
Craspedacusta iseana (Oka and Hara)
Craspedacusta sowerbyi Lankester　マミズクラゲ
Eperetmus typus Bigelow　キタクラゲ
Gonionema vertens A. Agassiz　カギノテクラゲ
Olindias formosa (Goto)　ハナガサクラゲ
Scolionema suvaense (A. Agassiz and Mayer)　コモチカギノテクラゲ
LAINGIOMEDUSAE　レンズクラゲ目
Laingiidae　レンズクラゲ科
Kantiella enigmatica Bouillon　カントクラゲ
TRACHYMEDUSAE　硬クラゲ目
Petasidae　ボウシクラゲ科
Petasiella asymmetrica Uchida　ボウシクラゲ
Halicreatidae　テングクラゲ科
Halicreas papillosum Vanhöffen　テングクラゲ

Rhopalonematidae　イチメガサクラゲ科
Aglantha digitale (Müller)　ツリガネクラゲ
Aglaura hemistoma Péron and Lesueur　ヒメツリガネクラゲ
Amphogona apsteini (Vanhöffen)　フタナリクラゲ
Colobonema typicum (Maas)　ニジクラゲ
Crossota alba Bigelow
Crossota brunnea Vanhöffen　クロクラゲ
Crossota rufobrunnea (Kramp)
Pantachogon haeckeli Maas　フカミクラゲ
Rhopalonema velatum Gegenbaur　イチメガクラゲ
Sminthea eurygaster Gegenbaur
Geryoniidae　オオカラカサクラゲ科
Geryonia proboscidalis (Forskål)　オオカラカサクラゲ
Liriope tetraphylla (Chamisso and Eysenhardt)　カラカサクラゲ

NARCOMEDUSAE　剛クラゲ目
Aeginidae　ツヅミクラゲ科
Aegina citrea Eschscholtz
Aegina rosea Eschscholtz　ツヅミクラゲ
Aeginopsis laurentii Brandt
Aeginura grimaldii Maas
Solmundella bitentaculata (Quay and Gaimard)　ヤジロベエクラゲ
Cuninidae
Cunina peregrina Bigelow
Solmissus incisa (Fewkes)
Solmissus marshalli A. Agassiz and Mayer
Solmarisidae　ニチリンクラゲ科
Solmaris rhodoloma (Brandt)　ニチリンクラゲ

SIPHONOPHORA　管クラゲ目
Calycophorae　鐘泳亜目
Abylidae　ハコクラゲ科
Abylinae
Abyla haeckeli Lens and Van Riemsdijk　ハコクラゲ
Abyla leuckartii Huxley　シカクハコクラゲ
Abyla trigona Quoy and Gaimard　サンカクハコクラゲ
?Ceratocymba sagittata (Quoy and Gaimard)
Abylopsinae
Abylopsis eschscholtzii (Huxley)　コハコクラゲモドキ
Abylopsis tetragona (Otto)　ハコクラゲモドキ
Bassia bassensis (Quoy and Gaimard)　トウロウクラゲ
Diphyidae　フタツクラゲ科
Diphyinae
Dimophyes arctica (Chun)　カドナシフタツクラゲ
Diphyes appendiculata Eschscholtz　フタツクラゲ
Diphyes bojani (Eschscholtz)　トガリフタツクラゲ
Diphyes chamissonis Huxley　タマゴフタツクラゲモドキ

Diphyes contorta Lens and Van Riemsdijk　ヨジレフタツクラゲ
Diphyes dispar Chamisso and Eysenhardt　フタツクラゲモドキ
Diphyes spiralis (Bigelow)　ネジレフタツクラゲ
Doromasia picta Chun　ヤリクラゲ
Galeolaria truncata (Sars)　ナラビクラゲ
Muggiaea atlantica Cunningham　ヒトツクラゲ
Muggiaea spiralis (Bigelow)　ネジレクラゲ
Polyphyidae　バテイクラゲ科
Hippopodius ungulatus Haeckel　バテイクラゲ
Prayidae　アイオイクラゲ科
Praya cymbiformis (Delle Chiaje)　アイオイクラゲ
Rosacea plicata Quoy and Gaimard　コアイオイクラゲ
Stephanophyes superba Chun　ハナワクラゲ

Cystonectae　嚢泳亜目
Physaliidae　カツオノエボシ科
Physalia physalis (Linné)　カツオノエボシ
Rhizophysiidae　ボウズニラ科
Bathyphysa conifera (Studer)　マガタマニラ
Bathyphysa japonica Kawamura
Rhizophysa eysenhardti Gegenbaur　ボウズニラ
Rhizophysa filiformis Forskål　コボウズニラ

Physonectae　胞泳亜目
Agalmidae　ヨウラククラゲ科
Agalma okenii Eschscholtz　ヨウラククラゲ
Crystallomia rigidum Haeckel　コヨウラククラゲ
Nanomia bijuga (Delle Chiaje)　シダレザクラクラゲ
Nanomia cara A. Agassiz　ナガヨウラククラゲ
Stephanomia amphitridis Péron and Lesueur
Stephanomia cupulita (Lens and Van Riemsdijk)
Apolemiidae
Apolemia uvaria (Lamarck)
Athorybiidae　ノキシノブクラゲ科
Athorybia longifolia Kawamura　ノキシノブクラゲ
Forskaliidae
Forskalia misakiensis Kawamura
Forskalia tholoides Haeckel
Physophoridae　バレンクラゲ科
Physophora hydrostatica Forskål　バレンクラゲ
Rhodaliidae　ヒノマルクラゲ科
Sagamalia hinomaru Kawamura　ヒノマルクラゲ

CUBOZOA　箱虫綱

CUBOMEDUSAE　立方クラゲ目
Carybdeidae　アンドンクラゲ科
Carybdea rastoni Haacke　アンドンクラゲ
Tamoya haplonema Müller　ヒクラゲ

Chirodropidae ネッタイアンドンクラゲ科
Chiropsalmus quadrigatus Haeckel ハブクラゲ
Tripedalia cystophora Conant

SCYPHOZOA 鉢虫綱

STAUROMEDUSAE 十文字クラゲ目
Cleistocarpidae ナガアサガオクラゲ科
Manania uchidai (Naumov)
Haliclystidae アサガオクラゲ科
Haliclystus stejnegeri Kishinouye ヒガサクラゲ
Haliclystus tenuis Kishinouye
Haliclystus borealis Uchida シラスジアサガオクラゲ
Haliclystus sp.
Stenoscyphus inabai (Kishinouye) ムシクラゲ
Kishinouyeidae ジュウモンジクラゲ科
Kishinouyea nagatensis (Oka) ジュウモンジクラゲ
Sasakiella cruciformis Okubo ササキクラゲ
CORONATAE 冠クラゲ目
Atollidae ヒラタカムリクラゲ科
Atolla bairdii Fewkes ヒラタカムリクラゲ
Atolla wyvillei Haeckel ムラサキカムリクラゲ
Nausithoidae エフィラクラゲ科
Nausithoë punctata Kölliker エフィラクラゲ
Periphyllidae クロカムリクラゲ科
Periphylla periphylla (Péron and Lesueur) クロカムリクラゲ
SEMAEOSTOMEAE 旗口クラゲ目
Cyaneidae ユウレイクラゲ科
Cyanea capillata (Linné) キタユウレイクラゲ
Cyanea nozakii Kishinouye ユウレイクラゲ
Pelagiidae オキクラゲ科
Chrysaora helvola Brandt ヤナギクラゲ
Chrysaora melanaster Brandt アカクラゲ
Pelagia noctiluca (Forskål) オキクラゲ
Sanderia malayensis Goette アマクサクラゲ
Ulmariidae ミズクラゲ科
Aurelia aurita (Linné) ミズクラゲ
Aurelia limbata (Brandt) キタミズクラゲ
Parumbrosa polylobata Kishinouye アマガサクラゲ
Phacellophora ambigua Brandt サムクラゲ
RHIZOSTOMEAE 根口クラゲ目
Cassiopeidae サカサクラゲ科
Cassiopea ornata Haeckel サカサクラゲ
Cepheidae イボクラゲ科
Cephea cephea (Forskål) イボクラゲ
Netrostoma setouchiana (Kishinouye) エビクラゲ
Mastigiidae タコクラゲ科
Mastigias papua (Lesson) タコクラゲ
Thysanostoma thysanura Haeckel ムラサキクラゲ
Rhizostomidae ビゼンクラゲ科
Rhopilema asamushi Uchida スナイロクラゲ
Rhopilema esculenta Kishinouye ビゼンクラゲ
Stomolophus nomurai (Kishinouye) エチゼンクラゲ
PTEROMEDUSAE 羽クラゲ目
Tetraplatia volitans Busch ブラヌラクラゲ

CTENOPHORA 有櫛動物門

TENTACULATA 有触手綱
CESTIDA オビクラゲ目
Cestidae オビクラゲ科
Cestum amphitrites Mertens オビクラゲ
CYDIPPIDA フウセンクラゲ目
Haeckeliidae フウセンクラゲモドキ科
Haeckelia rubra (Kölliker) フウセンクラゲモドキ
Lampeidae ヘンゲクラゲ科
Lampea pancerina (Chun) ヘンゲクラゲ
Mertensiidae トガリテマリクラゲ科
Mertensia ovum (Fabricius)
Pleurobrachiidae テマリクラゲ科
Hormiphora palmata Chun フウセンクラゲ
Pleurobrachia rhodopis (Chun) テマリクラゲ
LOBATA カブトクラゲ目
Bolinopsidae カブトクラゲ科
Bolinopsis mikado Moser カブトクラゲ
Bolinopsis rubripunctata Tokioka アカホシカブトクラゲ
Eurhamphaeidae アカダマクラゲ科
Eurhamphaea vexilligera Gegenbaur アカダマクラゲ
Kiyohimeidae キヨヒメクラゲ科
Kiyohimea aurita Komai and Tokioka キヨヒメクラゲ
Leucotheidae ツノクラゲ科
Leucothea japonica Komai ツノクラゲ
Ocyropsidae チョウクラゲ科
Ocyropsis fusca (Rang) チョウクラゲ

NUDA 無触手綱
BEROIDA ウリクラゲ目
Beroidae ウリクラゲ科
Beroe campana Komai
Beroe cucumis Fabricius ウリクラゲ
Beroe forskali Milne Edwards アミガサクラゲ
Beroe mitrata (Moser)

REFERENCES 参考文献・資料

Arai, M. N.(1997) A Functional Biology of Scyphozoa. Chapman&Hall.

Bavestrello, G., C. Sommer, and M. Sara (1992) Bi-directional conversion in *Turritopsis nutricula*. In Aspects of Hydrozoan Biology. (J. Bouillon et al.,eds). Scientia Marina, Vol.56 (2-3),137-140.

Bouillon, J.(1985) Essai de classification des Hydropolypes-Hydromeduses (Hydrozoa-Cnidaria). Indo-Malayan Zoology, Vol.1,29-243.

千原光雄・村野正昭(編著)(1997)日本産海洋プランクトン検索図説. 東海大学出版会.

平野弥生・平野義昭(1991) ギンカクラゲ*Porpita porpita*の生活史(予報). 千大海洋センター年報, No.11：23-26.

磯野直秀(1988) 三崎臨海実験所を去来した人たち―日本における動物学の誕生. 学会出版センター.

柿沼好子(1975) クラゲ. 飯島宗一ほか編『岩波講座現代生物科学10　組織と器官I』, 岩波書店, 75-96.

柿沼好子(1988) 腔腸動物・有櫛動物. 石川　優・沼宮内晴共編『海産無脊椎動物の発生実験』, 培風館, 22-51.

Kawamura, T. (1954) A Report on Japanese Siphonophores with Special References to New and Rare Species. Journal of the Shiga Prefectural Junior College, Ser.A, Vol.2(4), 99-129, plates 7.

久保田信(1998) 日本産ヒドロ虫綱(8目)目録, 南紀生物, Vol.40(1), 13-21.

駒井　卓・団　勝磨(1983) 有櫛動物. 団　勝磨ほか共編『無脊椎動物の発生　上』, 培風館, 135-143.

Kramp, P. L. (1961) Synopsis of the Medusae of the World. Journal of the Marine Biological Association of the United Kingdom, Vol.40,1-469.

Mansueti, R. (1963) Symbiotic behavior between small fishes and jellyfishes, with new data on that between the stromateid, *Peprilus alepidotus,* and the scyphomedusa, *Chrysaora quinquecirrha*. Copeia, Vol.1963, 40-80.

Mariscal, R.N. (1974) Nematocysts. In: L. Muscatine and H. M. Lenhoff (edc.) "Coelenterate Biology. Reviews and new perspectives", Academic Press,129-178.

三宅裕志(1999) ミズクラゲの生活と環境. Sessile Organisms, Vol.16(1),5-16.

中山晶絵(1999) 眠るクラゲ―ヒトツアシクラゲの生活史―. 遺伝, Vol.53(8),44-50.

西川輝昭(1998) デーデルライン・コレクションを訪ねて. 遺伝, Vol.52(4), 78-82.

西村三郎(編著)(1992) 原色検索　日本海岸動物図鑑[I]. 保育社.

西村三郎(編著)(1995) 原色検索　日本海岸動物図鑑[II]. 保育社.

野村　正(1978) 化学の領域選書15　海洋生物の生理活性物質. 南江堂.

岡田　要・内田　亨・内田清之助(監修) (1965) 新日本動物圖鑑　全3巻. 北隆館.

Parker, S. P.(編集) (1982) Synopsis and Classification of Living Organisms. McGraw-Hill Book Co.

Pagès, F., J. M. Gili and J. Bouillon (1992) Medusae (Hydrozoa, Scyphopoa,Cubozoa) of the Benguela Current (southeastern Atlantic). Science Marina Vol.56(Supl.1), 1-64.

Piraino, S., F. Boero, B. Aeschbach, and V. Schmid (1996) Reversing the life cycle, Medusae transforming into polyps and cell differentiation in *Turritopsis nutricula* (Cnidaria, Hydrozoa). Biological Bulletin, Vol.90,302-312.

坂田　明(1994) クラゲの正体. 晶文社.

佐藤隼夫・伊藤猛夫(1979) 改訂無脊椎動物採集・飼育・実験法　北隆館.

塩見一雄・長島裕二(1997) 海洋動物の毒―フグからイソギンチャクまで― 成山堂書店.

志村和子(1989) クラゲ. 鈴木克美・高松史朗編著『海水魚の繁殖／育ててみよう海のいきもの』, 緑書房, 250-252.

寺本賢一郎(1991) クラゲの水族館. 研成社.

Totton, A. K. (1965) A Synopsis of the Siphonophora. British Museum(Natural History).

内田恵太郎(1964) 稚魚を求めて―ある研究自叙伝―. 岩波新書535.

内田　亨(監修)(1961) 動物系統分類学2　中生動物／海綿動物／腔腸動物／有櫛動物. 中山書店.

内田　亨・山田真弓(1983) 腔腸動物. 団　勝磨ほか共編『無脊椎動物の発生　上』, 培風館, 103-133.

内田　亨・山田真弓(監修)(1986) 動物系統分類学8下　半索動物・原索動物. 中山書店.

内田　亨・山田真弓(監修)(1999)動物系統分類学5上, 下　軟体動物(I, II). 中山書店.

Williamson, J. A. et al.(編集) (1996) Venomous and Poisonous Marine Animals: A Medical and Biological Handbook. UNSW Press.

山田真弓・久保田信(1980-1986) 日本近海産ヒドロクラゲとその生活史(1-6). 海洋と生物, Vols.2-8.

山田真弓・平野弥生・加藤憲一(1996) ミズクラゲ. 石原勝敏編著『動物発生段階図譜』, 共立出版, 23-35.

安田　徹(1995) 再びエチゼンクラゲの大発生　うみうし通信, No.8, 6-8.

ビデオ

『深海生物　くらげ』　Pioneer

刺胞動物・有櫛動物関係のWebページ

Dr. C. E. Mills　　http://faculty.washington.edu/cemills/

国際動物命名規約日本語版についての情報

日本動物分類学会　　http://wwwsoc.nacsis.ac.jp/jssz2/

謝辞

この機会に、まずクラゲの世界へ導いてくださいました山田真弓先生と柿沼好子先生に心から御礼申し上げます。また執筆にあたっては、多くの方々のご協力をいただきました。特に、武田正倫先生にはこの本を担当することを勧めていただきました。また、奥谷喬司先生には、執筆中励ましをいただくとともに軟体動物についてのご教示を賜りました。西川輝昭先生には脊索動物について、平野弥生博士には十文字クラゲ類と有櫛動物について貴重なご意見を賜りました。三宅裕志博士には、写真資料の貸し出しに便宜をはかっていただきました。記して心からの謝意を表します。制作スタッフの皆さんには、こちらの原稿の遅れを編集力でカバーし、出版へとこぎつけていただきました。ここに感謝の辞を述べさせていただきます。最後になりますが、この本は楚山氏撮影の美しい写真なしにはできなかったことはいうまでもありません。

並河 洋

〈執筆協力〉　　日本大学生物資源科学部　奥谷 喬司教授
　　　　　　　名古屋大学博物館　西川 輝昭教授
　　　　　　　千葉大学海洋バイオシステム研究センター　平野 弥生博士

〈写真提供〉　　江ノ島水族館
　　　　　　　海洋科学技術センター
　　　　　　　倉沢栄一
　　　　　　　水中造形センター マリンフォトライブラリー
　　　　　　　鳥羽水族館
　　　　　　　ネイチャー・プロダクション
　　　　　　　WORLD PHOTO SERVICE

〈撮影協力〉　　ビーチクラブ（敦賀湾）
　　　　　　　串本ダイビングパーク
　　　　　　　太地漁業協同組合
　　　　　　　錆浦海中公園研究所
　　　　　　　三幸真珠

〈制作スタッフ〉　装丁・デザイン　澤地真由美
　　　　　　　　編集　　　　　　山本真紀
　　　　　　　　製版　　　　　　原口邦彦（図書印刷株式会社）
　　　　　　　　企画・編集　　　桑島博史

著者略歴

並河　洋　Hiroshi Namikawa
1962年、福井県生まれ。
1992年、北海道大学大学院理学研究科博士後期課程単位取得退学。
同年、国立科学博物館動物研究部に研究官として勤務。
現在、国立科学博物館動物研究部研究主幹、理学博士。
ヒドロ虫類についての系統分類学を専門とする。

楚山　勇　Isamu Soyama
1945年、新潟県生まれ。
水中生物写真家。
1974～1982年、国立科学博物館の資料委員を務め、
1979年にはミクロネシア(パラオ諸島)周辺の生物資料調査に同行する。
現在は無脊椎動物を専門に撮影。
写真を担当した著書に『相模湾産海胆類』(丸善)、
『山渓フィールドブック 海辺の生きもの』(山と渓谷社)、
『フィールド図鑑 貝類』(東海大学出版会)など多数。

クラゲ ガイドブック
Jellyfish in Japanese Waters

2000年7月3日　初　　　版
2013年1月8日　初版第11刷

著者―――――並河 洋
　　　　　　　楚山 勇

発行者―――――五百井健至

発行所―――――株式会社阪急コミュニケーションズ
　　　　　　　〒153-8541　東京都目黒区目黒1丁目24番12号
　　　　　　　電話　販売　　　(03) 5436-5721
　　　　　　　　　　編集　　　(03) 5436-5735
　　　　　　　振替　00110-4-131334

印刷・製本――図書印刷株式会社

©Hiroshi Namikawa / Isamu Soyama, 2000
ISBN978-4-484-00406-8
Printed in Japan
落丁・乱丁本はお取り替えいたします。
本書の写真・記事の無断複製、転載を禁じます。
NDC483.3　A5判(21.0×14.8cm) 120ページ